科技农业
高效农业

大蒜丰产栽培与病虫害防治

主　编　胡庆华　杨占国

副主编　李荣惠　张春雷

编　委　王志富　金晏军　曹晏青

　　　　袁庆文　李素洁　杨　红

　　　　郭正英　宁二中

U0227347

科学技术文献出版社
SCIENTIFIC AND TECHNICAL DOCUMENTATION PRESS

图书在版编目(CIP)数据

大蒜丰产栽培与病虫害防治 / 胡庆华,杨占国主编. —北京:科学技术文献出版社,2012.4（2025.1 重印）

ISBN 978-7-5023-6394-9

Ⅰ.①大… Ⅱ.①胡… ②…杨 Ⅲ.①大蒜—蔬菜园艺②大蒜—病虫害防治 Ⅳ.①S633.4②S436.33

中国版本图书馆 CIP 数据核字(2011)第 246001 号

大蒜丰产栽培与病虫害防治

策划编辑:孙江莉　责任编辑:孙江莉　责任校对:赵文珍　责任出版:王杰馨

出 版 者	科学技术文献出版社
地 址	北京市复兴路 15 号　邮编　100038
编 务 部	(010)58882938,58882087(传真)
发 行 部	(010)58882868,58882870(传真)
邮 购 部	(010)58882873
官 方 网 址	www.stdp.com.cn
发 行 者	科学技术文献出版社发行　全国各地新华书店经销
印 刷 者	北京虎彩文化传播有限公司
版 次	2012 年 4 月第 1 版　2025 年 1 月第 3 次印刷
开 本	850×1168　1/32 开
字 数	145 千
印 张	6.5
书 号	ISBN 978-7-5023-6394-9
定 价	14.00 元

前言
PREFACE

大蒜为四辣蔬菜（大蒜、大葱、生姜、辣椒）之一，在我国各地都有栽培。

大蒜的幼苗、蒜头和蒜薹都含有多种维生素、无机盐、糖类、微量元素和氨基酸，并具有特殊的辛香风味，是人们日常生活中必不可少的蔬菜和调味品。尤其是蒜头，除供鲜食外，在食品工业、医药工业、化妆品工业、饲料工业以及农用杀虫、杀菌剂制造业等方面，作为主要原料，都有着重要作用。

我国是世界上大蒜的主要生产国和主要出口贸易国之一，大蒜产品不仅在国内具有较大的消费市场，而且还出口东南亚、日本、中东、美洲、欧洲、越南和俄罗斯等国家及地区。近年来，随着对外贸易的扩大，极大地调动了农民、企业和经销商的积极性，种植、加工、销售的规模越来越大，在许多地方已成为农民增加收入、发家致富的途径之一。

为了配合广大农民大力发展大蒜种植，将高效栽培技术尽快推广到农民手中，笔者组织相关人员参考了国内外最新资料编写了本书，期望对我国大蒜产业的发展和提高其种植技术水平起到些许作用。

本书在编写过程中的疏漏和不当之处敬请读者批评指正，并在此对参考资料的原作者表示衷心的感谢。

编　者

目录
CONTENTS

第一章 | **大蒜概述** ································· 1

第一节　大蒜的营养与药用价值 ············· 2

第二节　大蒜的植物学特性 ················· 6

一、大蒜的形态特征 ················· 6

二、大蒜的生长发育过程 ············· 8

三、大蒜对栽培条件的要求 ··········· 11

第三节　大蒜的品种类型 ··················· 16

一、类型 ························· 16

二、部分常用品种 ················· 18

三、品种选择原则 ················· 34

第四节　大蒜的栽培模式 ··················· 35

第二章 | **种蒜的选留** ··················· 37

第一节　种蒜的选择 ··················· 37

第二节　种蒜播种前的处理 ··············· 39

第三节　大蒜的提纯复壮和留种 ··········· 42

第三章 | **栽培方式及管理** ··············· 46

目录 CONTENTS

第一节 秋播大蒜栽培技术 …………………………… 46

第二节 春播大蒜栽培技术 …………………………… 55

第三节 青蒜栽培技术 ………………………………… 57

　一、露地栽培法 ……………………………………… 58

　二、设施栽培法 ……………………………………… 61

第四节 蒜黄栽培技术 ………………………………… 63

　一、棚式栽培法 ……………………………………… 63

　二、水畦式栽培法 …………………………………… 66

　三、棚室多层架床栽培法 …………………………… 68

　四、酿热通气温床栽培法 …………………………… 70

　五、无土栽培法 ……………………………………… 72

第五节 独头蒜栽培技术 ……………………………… 73

第六节 巨型大蒜栽培技术 …………………………… 77

第七节 富硒大蒜栽培技术 …………………………… 78

第八节 大蒜间作套种技术 …………………………… 80

　一、蒜、粮套种 ……………………………………… 80

　二、蒜、棉套种 ……………………………………… 89

　三、蒜、菜套种 ……………………………………… 93

　四、蒜、瓜、棉套种 ………………………………… 101

第九节 无公害大蒜产品的控制 ……………………… 106

　一、大蒜污染的原因 ………………………………… 106

　二、无公害大蒜产品的防止原则 …………………… 108

第十节 大蒜生长发育障碍及其防止 ………………… 110

　一、二次生长 ………………………………………… 111

二、复瓣蒜 ……………………………………… 113

三、裂头散瓣 …………………………………… 114

四、独头蒜 ……………………………………… 115

五、面包蒜 ……………………………………… 116

六、跳蒜 ………………………………………… 116

七、抽薹不良 …………………………………… 117

八、6～7 月发芽困难 …………………………… 117

九、叶片发黄 …………………………………… 118

十、大蒜蒜瓣再生叶薹 ………………………… 119

十一、管状叶 …………………………………… 119

第四章 大蒜病虫害的防治 ………………………… 121

第一节 病虫害的综合防治措施 ……………… 121

一、病虫害发生的原因 ………………………… 121

二、大蒜病害综合防治技术 …………………… 124

第二节 大蒜主要病虫害防治 ………………… 129

一、病害防治 …………………………………… 129

二、虫害防治 …………………………………… 146

第三节 蒜田草害的控制 ……………………… 156

第五章 蒜薹和蒜头的贮藏 ………………………… 160

第一节 蒜薹贮藏 ……………………………… 160

一、蒜薹贮前的准备 …………………………… 161

二、蒜薹贮藏期管理 …………………………… 164

三、蒜薹贮期病害防治 ………………………… 167

四、出库 …………………………………………………… 168

第二节 蒜头贮藏 ……………………………………… 168

一、蒜头贮前的准备 ……………………………………… 169

二、蒜头贮藏方法 ………………………………………… 170

三、蒜头贮期病害防治 …………………………………… 175

四、出库 …………………………………………………… 175

第六章 ｜大蒜加工利用 ………………………………… 177

第一节 简单加工 ……………………………………… 177

一、糖醋蒜 ………………………………………………… 177

二、腌蒜 …………………………………………………… 178

三、翡翠蒜米 ……………………………………………… 179

四、蒜汁 …………………………………………………… 179

五、蒜蓉 …………………………………………………… 180

第二节 精细加工 ……………………………………… 181

一、大蒜辣椒酱 …………………………………………… 181

二、香菇大蒜调味酱 ……………………………………… 182

三、咸蒜米 ………………………………………………… 183

四、脱水蒜片 ……………………………………………… 184

五、蒜粉 …………………………………………………… 186

六、大蒜油 ………………………………………………… 187

附 录｜无公害大蒜生产技术规程（NY5228－2004）

…………………………………………………………… 189

参考文献 ｜ …………………………………………… 197

第一章 大蒜概述

大蒜别名蒜、胡蒜，属百合科葱属一年生或二年生植物，在我国已有2000多年的栽培历史，是世界上种植面积和产量最多的国家之一。大蒜的幼苗、蒜薹和蒜头均为城乡人民喜爱的蔬菜和调味品，也是目前农民脱贫致富的种植业种类之一。

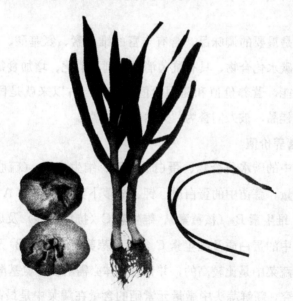

图1-1 大 蒜

大蒜的幼苗植株在光照条件下长成青蒜，在无光照条件下长成蒜黄，抽薹后变为蒜薹，成熟时为蒜头。蒜头洁白辛辣，品质辣

香；蒜薹质嫩清甜，绿白相隔，脆嫩可口；蒜苗色绿鲜美，味辣辛香，蒜香扑鼻，爽口开胃；蒜黄鲜嫩可口。大蒜的食用方法很多，可生食、拌食、炒食，亦可作香辛调味料。还能加工成多种食品，其加工制品有脱水蒜片、蒜粉、蒜汁、蒜油、蒜酱、糖蒜、醋蒜等，深受国内外消费者的喜爱。

大蒜产品不仅在国内具有较大的消费市场，而且还出口东南亚、日本、中东、美洲、欧洲、越南和俄罗斯等国家及地区，年出口量达数十万吨，为国家换回了大量的外汇。

第一节　大蒜的营养与药用价值

大蒜是重要的调味品，含有丰富的维生素、氨基酸、蛋白质、大蒜素和碳水化合物，具有抗菌消毒、刺激消化、增加食欲、防癌抗癌等功能，营养价值和药用价值较高，自古以来就是民间的健身、调味佳品，被人们誉为"天然的抗生素"。

1. 营养价值

蒜头中的碳水化合物、蛋白质、磷、维生素 B_1（硫胺素）及尼克酸含量，蒜苗中的蛋白质、钾、胡萝卜素（维生素 A 原）、维生素 B_1、维生素 B_2（核黄素）、维生素 C（抗坏血酸）及尼克酸含量，蒜薹中的蛋白质及维生素 C 含量，蒜黄中维生素 B_1 及磷的含量在大宗蔬菜中是比较高的，并含有人体必需的多种氨基酸。

据研究，新鲜蒜头中微量元素硒的含量在蔬菜中是最高的，达到 0.276 微克/克（一般蔬菜的含硒量仅为 0.01 微克/克）。大蒜中锗的含量为 73.4 毫克/100 克，在植物中也是比较高的。大蒜含有 0.2% 的挥发油，内含蒜氨酸。蒜氨酸没有挥发性，也没有臭味，只有在切蒜时蒜氨酸在蒜酶的作用下才分解成有臭味的蒜辣素（大蒜素）。

2. 药用价值

大蒜的医疗效用明显，自古为药食两用蔬菜。我国古代药典《本草纲目》就记载大蒜有暖脾健胃、促进食欲、帮助消化、消咳止血、行气消积、解毒杀虫等功效，可用来预防和治疗呼吸、消化系统的多种疾病，如感冒、头痛、鼻塞，各种结核病，口腔与肠道感染、肠炎菌痢、胃炎、肾炎、流行性脑膜炎、口腔炎等病症。

现代医学研究证实，大蒜集 100 多种药用和保健成分于一身，其中含硫挥发物 43 种，硫化亚磺酸酯类 13 种、氨基酸 9 种、肽类 8 种、苷类 12 种、酶类 11 种，目前已被提炼制成抗菌消炎的多种成药及保健品，如瑞士生产的阿里沙丁、美国生产的无臭大蒜素胶囊、我国生产的大蒜新素等。

蒜氨酸是大蒜独具的成分，当它进入血液时便成为大蒜素，这种大蒜素即使稀释 10 万倍仍能在瞬间杀死伤寒杆菌、痢疾杆菌、流感病毒等。蒜素与维生素 B_1 结合可产生蒜硫胺素，具有消除疲劳、增强体力的奇效。大蒜含有的肌酸酐是参与肌肉活动不可缺少的成分。大蒜还能促进新陈代谢，降低胆固醇和三酰甘油的含量，并有降血压、降血糖的作用，故对高血压、高血脂、动脉硬化、糖尿病等有一定疗效。大蒜外用可促进皮肤血液循环，去除皮肤的老化角质层，软化皮肤并增强其弹性，还可防日晒、防黑色素沉积，去色斑增白。近年来国内外研究证明，大蒜可阻断亚硝胺类致癌物在体内的合成，到目前为止，其防癌效果在 40 多种蔬菜、水果中是最好的。在 100 多种成分中，其中几十种成分都有单独的抗癌作用。

大蒜中的大蒜精油是蒜中所有含硫化合物的总称,这些物质中的硫原子具有高度的活性,能自发地转变成多种有机硫化合物。这些有机硫化合物在物理、化学、生物因素作用下,又可转变成其他的含硫化合物。大蒜中的所有含硫化合物大多具有广泛药理、药效作用,也是构成大蒜特有辛辣气味的主要风味物质。

日常食物中含有机锗最丰富的也是大蒜。有研究证明,有机锗化合物和一些抗癌药物合用,无论在抑制肿瘤局部生长,还是防止肿瘤转移方面,均有协同作用;有机锗化合物能够刺激体内产生干扰素,而干扰素的抗癌作用已被医学所证实;有机锗化合物对受损的免疫系统具有不同程度的修复作用,可激活自然杀伤细胞和巨噬细胞,有利于癌症的控制。有机锗化合物能降低血液的黏稠度从而减少了癌细胞黏附、浸润和破坏血管壁的机会,这对阻止癌细胞的扩散起着很重要的作用。

大蒜还富含硒,硒同样具有强大的抗癌效应。实验发现,癌症发生率最低的人群就是血液中含硒量最高的人群。另外,硒以谷胱甘肽过氧化酶的形式发挥抗氧化作用,从而起到保护膜的作用。大蒜中还富含超氧化物歧化酶在抗氧化方面也有着不可低估的作用。此外,大蒜中含有 17 种氨基酸,其中赖氨酸、亮氨酸、缬氨酸的含量较高,蛋氨酸的含量较低,白皮蒜的必需氨基酸含量低于紫皮蒜,但氨基酸总量百分比略高于紫皮蒜。大蒜中矿物元素含量以磷为最高,其次为镁、钙、铁、硅、铝和锌等的含量为高。

研究发现,在食品防腐方面,大蒜对几十种食品卫生和食品腐败细菌有较强的抑制和杀灭作用,科学家还通过大蒜水溶液对几十种常见污染食品真菌的抑制和杀灭作用研究,发现大蒜对腐败真菌有很强的抑制和杀灭作用,是目前发现的天然植物中抗菌作用最强的一种。

大蒜在兽医临床和饲料添加剂方面的应用，显示出广阔的开发前景。据报道，将大蒜洗净剥皮后榨汁，加水配成 20％的大蒜汁，每日 2～3 次，连服 2～3 天，可防治牛犊泻痢；取 10 克蒜头，捣烂后加淀粉 30 克，兑水 500 毫升给病猪灌服，每日 1 次，可治疗猪胃肠炎；取蒜头 20 克，文火烧热，捣烂后加颠茄酊 5 毫升、水 500 毫升，给病猪灌服，每日 1 次，可治疗猪腹泻；将大蒜制成注射液，每日静脉注射 1～2 次，连用 3～7 日，可治疗猪破伤风；将大蒜 20 克，白萝卜 250 克，生姜 15 克，水 200 毫升，煎服，成年兔每次服 30 毫升（幼兔减半），每天 2 次，一般 2 次即可治愈；将大蒜碾磨成大蒜汁加入饮水或饲料中可预防球虫病。大蒜作为饲料添加剂也取得了满意的效果，表现在畜禽食欲增加，胃肠功能和饲料转化率提高，生长发育加快，并可预防胃肠道疾病。在雏鸡日粮中添加 0.2％的大蒜干粉，可增进食欲，防治雏鸡白痢、球虫病和副伤寒病；将蒜头捣烂喂猪可防治蛲虫、蛔虫、钩虫等；在肉鸡饲料中添加 2％左右的大蒜粉，不仅可增进肉鸡食欲，改善鸡肉品质，使鸡肉的香味变得更浓郁，而且可显著提高肉鸡日增重；在产蛋鸡日粮中添加 2％的大蒜，产蛋率可提高到 98％；在奶牛饲料中添加 3％～5％的大蒜，日产奶量可提高约 2 千克。近年来，还研制成改性大蒜素饲料添加剂，具有活血化瘀、清瘟解毒、杀菌抑菌、促进生长等作用，饲喂效果明显。

大蒜对危害植物的真菌性病害，如瓜类白粉病、猝倒病、枯萎病、番茄早疫病、灰霉病、芹菜斑枯病、棉花炭疽病、立枯病，小麦锈病等的病原菌，有抑制其孢子萌发和菌丝生长的作用。农药抗菌剂 401 和 402 就是以大蒜为原料制成的杀菌剂。

第二节　大蒜的植物学特性

一、大蒜的形态特征

一株完整的大蒜植株包括根、鳞茎、叶鞘、叶身、花茎、总苞及气生鳞茎。

1. 根

大蒜的根为弦线状的肉质须根，着生在短缩的茎盘上，没有明显的主、侧根之分。大蒜根系分布浅，根量少，主要的根群集中在 5~25 厘米以内的土层中，横向分布范围在 30 厘米以内，属浅根性蔬菜。须根上的根毛少，对水分和养分的吸收能力均较弱。生长中表现喜湿、喜肥的特点，因此，在栽培管理过程中，要勤浇水，保证肥料供应。

大蒜在播种以前，蒜瓣的基部已经形成根的突起，播后若温度和湿度适宜可在 1 周内迅速长出新根，大蒜"烂母"以后又可以发出一批新根。采收蒜薹以后，根系不再增加，并逐渐衰亡。

2. 茎

大蒜植株的茎为地下茎，营养生长期的茎为扁圆形的短缩茎，称为茎盘。在茎盘的基部和边缘生根，其上部长叶和芽的原始体，其中顶芽着生于中央，并被数层叶鞘所包被。茎盘在大蒜生长初期，组织较嫩，茎盘承托假茎、蒜薹和蒜头，并起输导作用。大蒜的地上部分为叶，随着叶片的伸长，叶鞘层层包裹起来形成地上部分的假茎。假茎支撑叶片，有发达的管导组织，与真茎（茎盘）共起输导作用。在蒜薹伸长前，叶鞘是贮藏营养的主要器官。大蒜假茎高度随品种，叶片多少，生长条件不同而有较大的差异。叶片多，假茎长而粗，一般假茎高20～30厘米。在栽培青蒜（以食用幼嫩茎叶为目的大蒜）时，一般采用提高密度等措施以增长假茎高度来提高青蒜的产量和质量。嫩茎的粗度也与品种、大蒜种瓣的大小和栽培条件有着密切的关系。假茎的粗度也作为衡量大蒜壮苗的重要指标之一，它临时贮存的营养为大蒜中后期生长发育和蒜薹粗壮打下物质基础。

实践证明，假茎粗壮的植株，是高产优质的基础，但不能决定蒜头的产量。蒜头的大小主要决定于大蒜后期的管理和生长状况。

3. 叶

大蒜的叶由叶片和叶鞘两部分组成。叶片扁平，狭长，长披针形，深绿色，叶面有蜡质层，互生对称排列，半直立。叶长30～40厘米，宽2～3厘米，厚1～1.5毫米。叶鞘圆筒形，多层套生组成假茎。

4. 花茎

大蒜在幼苗期的生长点分化花芽，到幼苗期终止时，叶腋里出现侧芽（鳞芽），经过短期分化后，逐步育成花茎，俗称蒜薹。蒜薹由花梗和总苞两部分组成，当蒜薹从叶鞘中心伸出，高出上位叶片10～20厘米时便可采摘。大蒜的花序上一般没有花，或只有退化的花，所以不结种子。大部分的植株，可在花茎的总苞中形成数个气生的鳞茎（又称天蒜），构造与蒜瓣类似，但体积较小，可用于选种繁殖。

5. 鳞茎

大蒜的鳞茎又叫蒜头，是由鳞芽（蒜瓣）组成的，鳞芽是由大蒜叶腋里侧芽发育而成的。每个鳞茎中鳞芽的数量因品种而异。大

瓣蒜种的鳞芽少，每个鳞茎一般只有鳞芽 4～7 个，小瓣蒜种的鳞芽多，有 10～20 个，但大小不一。每个鳞芽由一个芽和一层肉质鳞片组成，外面覆盖有 1～2 层干膜状鳞片。

鳞茎的形状因品种不同，而有圆、扁圆或圆锥形等。鳞芽多近似半月形，紫皮蒜种多较短，白皮蒜种较长，独头蒜形如球状，其结构与一般鳞芽相同。

二、大蒜的生长发育过程

大蒜主要以蒜瓣进行无性繁殖。不同的地区，大蒜的播种季节不同，一般可分为春播和秋播。春播大蒜的生长发育时期可分为出苗期、幼苗期、花芽和鳞芽分化期、蒜薹伸长期、鳞茎膨大期、休眠期等 6 个时期，全生育期为 90～100 天时间。秋播大蒜的生长发育情况基本与春播的相同，只是幼苗要经过一个冬天，全生育期延长到 200～240 天。大蒜的生长发育和器官形成有一定的顺序性，如果受到外界环境条件和本身原因的影响，花芽和鳞芽可以不分化、少分化或者多分化，而分别形成复瓣蒜、少瓣蒜或独头蒜。

1. 出苗期

从大蒜解除休眠下地播种至初生叶展开，为萌芽期，一般春播蒜需 15～16 天，秋播蒜需 7～8 天时间。但出苗期的长短因播期、品种及土壤湿度的不同而有差异。

大蒜栽种以后，如果土壤的温度、湿度适宜，可长出幼叶。大蒜在萌芽期，营养来源于母瓣贮存的养分，所以播种所用蒜瓣的大小对大蒜以后的生长发育状况及产量和质量有很大影响。

2. 幼苗期

从初生叶展开到鳞瓣干瘪腐烂（称烂母）为幼苗期。

春播大蒜幼苗期要 25 天时间左右，秋播的大蒜由于要越冬，苗期达 5～6 个月之久。

大蒜从发芽到幼苗生长时，母瓣将养分供应植株的生长，本身逐渐萎缩、干瘪成膜状物，此过程叫"退母"。此期大蒜的根由纵向生长逐渐转向横向生长，吸收水分和养分以供应植株生长发育的需要，功能叶不断长出，进行光合作用。植株的生长所需的养分来源逐渐由母瓣的供应转为植株叶片自己通过光合作用合成养分。大蒜幼苗期不断分化新叶，幼苗末期，新叶分化结束，鳞芽、花芽分化开始。

幼苗期如土壤缺肥缺水，易产生养分供应不足所造成的叶色变淡、叶尖变黄干枯现象，俗称"黄尖"或"干尖"。这种现象持续的时间愈长，幼苗生长愈缓慢，所以要在"退母"前及时追肥、灌水，尤其是北方干旱或半干旱蒜区。

3. 花芽和鳞芽分化期

从花芽、鳞芽分化开始，到分化结束为止，为花芽和鳞芽分化期。

大蒜花芽和鳞芽分化开始及其结束，不同品种间时间有很大差异。春播大蒜品种的花芽和鳞芽开始分化期处于温度逐渐升高、日照逐渐加长的春季，分化进程加快，花芽和鳞芽从分化开始到分化结束需要的天数较少，约需 15～35 天。秋播品种中，花芽和鳞芽开始分化期处于冬季，早熟品种由于受低温的影响，分化过程缓慢，花芽和鳞芽从分化开始到分化结束需要的天数约需 100 多天；中熟品种次之；晚熟品种最少。

在花芽和鳞芽分化期中，分化能否正常进行关系到蒜薹和蒜头的产量和质量。培养健壮的大蒜植株，为花芽和鳞芽分化提供丰富

的养分至关重要。在此期间，生长锥停止分化叶芽，已分化的叶芽陆续伸出叶鞘并展开，株高、茎粗和叶面积迅速增长，为花茎伸长和鳞茎膨大制造和贮备养分。

4. 抽薹期

从花序总苞开始长出叶鞘，到花茎的大小充分长成为抽薹期。

春播的大蒜要 1 个月时间，秋播大蒜一般需要 13～20 天。在此期内，营养生长与生殖生长并进，是大蒜植株生长量最大的时期，也是生产上水、肥管理的关键时期。

5. 鳞芽膨大期

从采收花茎到鳞瓣发育成熟，为鳞茎膨大期。

春播大蒜品种中的早熟品种鳞茎膨大期为 35～40 天，晚熟品种为 20～25 天。秋播大蒜品种中的早熟品种，一般需要 70 天左右，中熟品种需要 40～45 天，晚熟品种需要 35 天左右。

蒜薹采收以后，植株生殖生长的优势被消除，营养物质大多供应鳞芽，叶片保持旺盛的长势，蒜头迅速膨大。此期根的生长量不再增加，趋向衰退；叶片由绿变黄，植株长势衰退，叶片中的营养物质向蒜头转移，蒜头迅速膨大。蒜头膨大后期，根系大量死亡，叶片枯黄，叶鞘中的养分由于向鳞芽中转移而变薄变软，乃至倒伏。包围鳞芽的数层叶鞘变成薄膜状，以保护鳞芽，防止其失水干燥。

6. 休眠期

蒜头成熟后即进入休眠状态，这段时间称为大蒜的生理休眠期。

休眠期与品种特性有关，一般为 50～90 天。休眠期过后，只要条件适宜，幼芽即在鳞瓣中生长。如需继续贮藏，需要低温条件抑制生长。

三、大蒜对栽培条件的要求

大蒜具有耐低温、喜光照、耐旱怕涝等特点。

1. 温度

大蒜是喜冷凉的作物，特别是发芽期和幼苗期适宜较低的温度。在3～5℃的低温条件下可开始萌发，发芽及幼苗期最适温度为12～16℃。此期温度过高，植株呼吸作用增强，养分消耗较多，生长受抑制。

幼苗期较耐寒，可耐−3～−4℃的低温，能耐短时间−10℃的低温。不同品种对低温的忍耐力不同，白皮蒜耐低温的能力较强，在0～4℃的低温下，经过30天就可以通过春化阶段。在花芽、鳞芽分化期适宜的温度条件为15～20℃，抽薹期为17～22℃，鳞茎膨大期为20～25℃。温度较低时，鳞茎膨大缓慢；温度过高，膨大速度加快，但植株提早衰老也会影响产量。在休眠期蒜头既耐高温，也耐低温。为了减少损耗，以贮藏在0℃左右的低温条件下为宜。

若春季播种期延迟，不能满足春化作用所需的低温，就不能形成花芽，以后只可形成独头蒜。秋播的大蒜播种过早，当年感受低温而分瓣，在以后的低温下，幼小的鳞芽可再感受低温而通过春化，第二年就会形成复瓣大蒜而降低商品价值。

2. 光照

蒜薹和蒜头发育除了受温度的影响外，还与光照时间的长短有关。不同品种对光照时间长短的反应不完全相同。

低温反应敏感品种，光照时间长短对蒜薹发育的影响不大；而

蒜头的发育以 12 小时光照为宜，在 8 小时光照下，蒜头发育差。

低温反应中间型品种，在 12 小时光照下，蒜薹发育良好，在 8 小时光照下，蒜薹发育不良。蒜头在 13～14 小时光照下发育良好。

低温反应迟钝型品种，蒜薹发育需要 13 小时以上的光照。在 12 小时光照下一般不形成蒜头，蒜头发育需要 14 小时以上的光照。

培育蒜苗产品时，适宜弱光条件，在无光的条件下，可培育蒜黄。

3. 水分

大蒜的叶面积小，表面有蜡质，具有耐旱的特性。但由于大蒜的根系浅，根毛少，吸水范围较小，所以不耐旱，不同生育期对土壤湿度的要求有差异。

播种后的萌发期要求较高的土壤湿度，以促进发根和发芽，否则会因土壤干硬造成蒜母被根顶出，干旱而死。幼苗期要适当降低土壤湿度，防止蒜苗徒长，促进根系向纵深发展，避免蒜种因土壤过湿而提早腐烂，对幼苗生长造成不利影响。但在春播地区遇到春旱，土壤水分蒸发快，地面容易返碱，腐蚀蒜种，这时如土壤湿度低，幼苗生长缓慢，叶片易产生黄尖现象，所以要根据当年气候情况灵活掌握灌水抗旱程度。

"退母"结束以后，大蒜叶片生长加快，水分的消耗增多，需要保持较高的土壤湿度，促进植株生长，为花芽、鳞芽的分化和发育创造良好的环境条件。

蒜薹伸长和鳞茎膨大是大蒜生长日趋旺盛的时期，要求较高的土壤湿度。采薹期前，控制水分，使植株稍蔫，以利采薹顺利抽出而不易折断。采薹后立即浇水，以促进植株和鳞茎生长。鳞茎膨大期必须充分满足水分供应。收获前，鳞茎充分膨大，根系逐渐变黄枯萎，鳞茎外面覆层叶鞘逐渐失去水分，变成膜状时，应降低土壤湿度，防止鳞茎外皮腐烂变黑及散瓣。起蒜时，浇一次水，以便起蒜。

4. 土壤

大蒜由于根系吸收力较弱，对土壤肥力的要求较高，适宜在富含有机质、透气性好、保水、排水性能好的沙质壤土或壤土中栽培。此外，还需注意选择地势较高、地下水位较低的地段栽培大蒜。如果在地下水位高而且排水不良的地块上种蒜，抽蒜薹后要在20天之内挖蒜头，否则易发生散瓣、烂瓣现象，同时由于蒜头膨大期短，产量也低；在地下水位低而且排水良好的地块上种蒜，抽蒜薹后1个月才可挖蒜头，蒜头的膨大期较长，产量也较高。

大蒜喜微酸性土壤（pH值为6），在碱性大的土壤中种蒜，蒜种容易腐烂，植株生长不良，独头蒜增多，蒜头变小。

5. 肥料

在苗期，大蒜所需的养分主要由母瓣供应，所以在苗期不用施速效化肥，施用腐熟的农家有机肥作基肥即可，可以有效改善土壤的理化性质。在叶片生长的旺盛期以及鳞茎膨大的前、中期，需要较多的养分，这个时期一定要保证水肥供应充足，满足植株的生长、蒜薹的生长、鳞茎膨大的需要。

大蒜追肥时期一般分为越冬前追肥、返青期追肥、蒜薹伸长期追肥和蒜头生长期追肥。追肥的施用方法，一般采用条施、随水施或埋施。追施土杂肥时，常顺行开沟，撒施成条状；化肥一般采用开沟撒施，施后覆土，浇水，或随水浇施，或趁雨撒施。苗期追肥后，应注意中耕除草，保持土壤疏松和墒情，减少养分的损失，加快根系对养分的吸收利用。

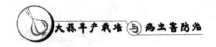

6. 种蒜

蒜头形成除受环境因素影响外，也受种瓣大小的影响。种瓣大小对大蒜生育进程无甚影响，但对其营养体和蒜薹、蒜头产量与质量影响显著。凡种瓣大的，植株高大健壮，营养生长旺盛；且该影响贯穿于植株生长的始终，因而其蒜薹、蒜头高产、优质；而种瓣小者，根系弱小，植株生长瘦弱，薹细甚至不抽薹，头小且瓣数少，甚至形成独头蒜。因此，在蒜薹、蒜头栽培上以选用大、中瓣做种，尽量不用小瓣做种；而青蒜或蒜黄栽培可以选择瓣多、瓣小的品种，既降低了成本，又提高了经济效益。

另外，因不同大小种瓣的出叶速度和营养体大小不同，故生产上应分级播种，使蒜苗群体长势一致，便于田间管理，达到平衡增产增收的目的。

7. 播期

对于大蒜来讲，选择适当的播种期是获得优质、高产、高效益的重要环节。秋播收获蒜头者都在 9 月中下旬至国庆节前后播种，收获青蒜的可提早到 8 月播种。以蒜薹、蒜头为收获目标的，播期不宜过早或过迟，以蒜薹为主的可以适期早播。春播适期以土壤开始解冻的 3 月上旬（春分前）为宜，过早不仅播种困难，且易冻坏蒜种，过迟则易形成独头蒜。

因蒜头的形成要求高温和长日照，故秋播蒜区播种时间即使相差 1～2 个月，蒜头到翌年 4～5 月份才能形成，所以迟播不影响蒜头的成熟收获，但因显著影响营养生长，而导致减产、降质。

早熟品种（即短日照类型），在日照 12～13 小时以上就开始形成蒜头，晚熟品种（即长日照类型）要在日照 13～14 小时以上才能形成蒜头。播种季节与品种类型选择有关，北纬 38°以北的地区，冬季长且温度低，蒜苗不能露地越冬，需春播。播后不久便遇到较长日照，故要选择长日照类型的晚熟品种。相反，在长江及其以南地区，若选用长日照类型的晚熟品种，因该地区一年中最长日照时数（夏至）也达不到这类晚熟品种对长日照时效的要求，始终不能形成蒜头，所以该地区宜选用短日照类型的早、中熟品种进行秋播。

8. 密度

合理密植是大蒜增产的关键技术之一。大蒜的产量是由每亩的总头数、每头蒜瓣数和每个蒜瓣的平均重量构成的。总头数受栽植密度制约，每头蒜瓣数受品种特性制约，栽培条件影响很小，每个蒜瓣的平均重量主要受栽培条件的影响，并与栽植密度有很大的关系。一般水肥条件好，栽植密度小则每个蒜瓣的平均重量大；反之，每个蒜瓣的平均重量小。播种密度及用种量的确定应根据栽培目的、品种特性、气候条件及栽培习惯，以蒜头为目标的适宜密度为2万~3万株/亩；以蒜薹为目标的适宜密度为4万~6万株/亩；以青蒜为收获目标的，软叶型品种适宜密度为6万~8万株/亩，硬叶型品种适宜密度为10万~20万株/亩；以青蒜、蒜薹和蒜头兼收为目标的适宜密度为6万~7万株/亩，秋、冬季隔行及时采蒜上市，每亩留3万~4万株苗收蒜薹和蒜头。

9. 茬口

大蒜忌连作，连年在同一块地里种大蒜或与葱蒜类蔬菜（大葱、洋葱、韭菜等）重茬，则病虫害严重，出苗率低，植株细弱，叶片发黄，蒜薹和蒜头产量降低。因此，应与非葱蒜类作物轮作2~3年，以减轻病虫害的发生。

大蒜除了避免重茬外，对前茬选择不严格，但秋播蒜的前茬以

小麦、大麦、玉米、高粱、瓜类、豆类、马铃薯、早熟番茄、早熟茄子及甘蓝类蔬菜较好。春播蒜的前茬以豆类、瓜类及茄果类蔬菜较好，因为这些蔬菜的施肥量较多，土壤较肥沃，对大蒜生长有利。

秋播蒜和春播蒜的后茬多为秋菜。大蒜的根系分泌物有杀菌作用，同时蒜的吸肥量较少，土壤中残留的养分较多，所以是其他非葱蒜类蔬菜和农作物的良好前茬。

第三节　大蒜的品种类型

我国大蒜品种多样，叶用、叶头兼用、薹头兼用品种齐全，早、中、晚熟品种多样。

一、类型

我国大蒜品种资源丰富，一般按蒜头皮色可将大蒜分为白皮蒜和红（紫）皮蒜；按是否抽薹可分为抽薹大蒜、不完全（半）抽薹大蒜和无薹大蒜；按蒜瓣大小可分为大瓣蒜和小瓣蒜（狗牙蒜）；按蒜瓣（即鳞芽）多少可分为多瓣蒜、少瓣蒜和独瓣（头）蒜；依叶片生长挺直强度可分为硬叶蒜和软叶蒜；按抗寒性强弱可分为低温反应敏感型大蒜、低温反应中间型大蒜和低温反应迟钝型大蒜；按成熟期早、晚分为早熟型和晚熟型。

1. 按蒜头外皮的颜色分

按蒜头外皮的色泽可分为白皮蒜和紫皮蒜，国内对大蒜地方品种多采取这种分类方法。

白皮蒜，蒜头外皮白色，头大瓣少（或有少量夹瓣），皮薄洁白，营养丰富，植株高大，生长势强，适应性广，耐寒；蒜头、蒜薹产量均高，也可作保护地多茬青蒜苗栽培；紫（红）皮蒜皮紫色，蒜头中等大小，种瓣也比较均匀，辣味浓，多早熟，品质较好，适于作蒜薹和蒜头栽培，也可作蒜苗栽培。

2. 按有无蒜薹分

根据蒜薹的有无，可将大蒜分为无薹蒜和薹头兼用蒜两种。

有薹蒜是指可以正常抽生蒜薹的大蒜，其适应性广，种植面积大，全国各地都有栽培。无薹蒜早熟质优，但由于不产蒜薹，产值较低。

3. 按蒜瓣大小划分

按蒜头中蒜瓣的大小，可将大蒜分为大瓣种和小瓣种两种。

大瓣种品种较多，一般每个蒜头由 4～10 瓣，蒜瓣整齐，个体大，味香辛辣，产量较高，适于各地栽培，以生产蒜头和蒜薹兼用或以蒜头为主。小瓣种每个蒜头内有十几个蒜瓣，蒜瓣狭长，大小不整齐，蒜皮薄，辣味较浓，品质较差，蒜头、蒜薹产量都较低，以生产青蒜苗为主。

4. 按叶形及质地划分

大蒜按叶子不同的形态与质地可划分为宽叶蒜和狭叶蒜、硬叶蒜和软叶蒜。

5. 按生态特征划分

樊治成、陆帼一等（1994）将引自北纬 $22°～45°$、东经 $77°～127°$ 的大蒜品种划分为三个大的生态型，即低温反应敏感型、低温反应中间型及低温反应迟钝型。

（1）低温反应敏感型：这一生态型品种对低温反应敏感，花芽和鳞芽分化需要的低温期较短，低温的界限较高，耐寒性较差。蒜

头形成和发育对日照要求不严格，在 8 小时的短日照条件下也可以形成蒜头，但在 12 小时日照下蒜头的发育较好。这一生态型品种分布在北纬 31°以南地区，为秋播品种。

（2）低温反应中间型：这一生态型品种对低温的反应介于低温反应敏感型和低温反应迟钝型之间。在 8～16 小时日照下都可以形成蒜头，但在 14 小时左右的日照下蒜头发育良好，日照时间增加至 16 小时，由于叶部提早枯黄，反而不利于蒜头的发育。适应性较强，分布范围也比较广，在北纬 23°～36°都有分布，甚至在北纬 39°的地区还有个别品种。

（3）低温反应迟钝型：这一生态型品种对低温反应迟钝，花芽和鳞芽分化需要经受较长时期的低温，耐寒性较强。蒜头形成和发育对日照长度的要求较严格，在 12 小时日照下一般不能形成蒜头。其中有些品种在 12 小时日照下虽然能够形成蒜头，但蒜头发育不良，单头重仅数克，而在 16 小时日照下，单头重可增加 1～2 倍。多分布于北纬 35°以北地区及纬度虽低但海拔很高的地区。此类型品种以春播为主，其中也有少数可以在秋季播种的品种。

二、部分常用品种

我国地域广阔，在多年的栽培过程中形成了许多地方优良品种，如新疆白皮蒜、金乡大蒜、嘉祥紫皮、苍山大蒜、来安大蒜、应县大蒜、开原大蒜、仓白皮蒜、成都二水早等，这些品种都是多年来从传统品种中选出来的，都有各自的优势。

1. 苍山大蒜

山东省苍山县地方品种，为山东省传统名特蔬菜之一，在我国有很高的声誉。其特点是蒜头大，色洁白，瓣少而大，味香浓，蒜汁黏稠，蒜薹粗而长，蒜头和蒜薹产量高，适应性强，在国内外颇负盛名。苍山大蒜有蒲棵、糙蒜、高脚子三个品种。

（1）蒲棵蒜：是目前苍山县蒜区种植面积最大的秋播品种，约占苍山县种植面积的90％以上。植株高80～90厘米，蒜头单重40克以上，多为6瓣。一般亩产蒜薹500千克左右，蒜头800～900千克，为蒜头和蒜薹兼用良种。生育期240天左右，属中晚熟品种。耐寒性较强。

（2）糙蒜：植株高80～90厘米，蒜头单重3克左右，每个蒜头有4～5个蒜瓣，瓣大而整齐。比蒲棵蒜早熟，生育期230～235天。耐寒性较蒲棵蒜差，后期有早衰现象。适宜作地膜覆盖栽培。一般亩产鲜蒜头850～860千克，略低于蒲棵蒜，蒜薹产量与蒲棵蒜相近。

（3）高脚子：蒜株高85～90厘米，蒜头单重一般在35克以上。每个蒜头一般有6个蒜瓣，瓣大而整齐。抽薹性好，蒜薹粗而长。一般亩产蒜薹500多千克，产蒜头900多千克，蒜薹和蒜头产量在3个品种中是最高的，适宜作丰产栽培。本品种为晚熟品种，生育期240多天，适应性强，较耐寒。

2. 改良蒜

20世纪50年代从前苏联引入，目前山东省种植较多。株高93厘米，蒜头单重55克左右，形状整齐，每个蒜头有蒜瓣12～13个，分两层排列。抽薹率一般为60％～65％，单薹重13克，纤维少，品质优。生育期260天左右。休眠期短，不耐贮藏。该品种的适应性较强，在山东、山西、河南、陕西、江苏等秋播地区种植，普遍表现其丰产特性。在肥水充足、科学管理的条件下，一般亩产蒜头1700千克左右，蒜薹150千克左右。定向选育而成的新品种

有山东的"鲁农大蒜"、河南的"宋城大蒜"、江苏的"徐州白蒜"。

3. 嘉祥大蒜

嘉祥大蒜是山东省嘉祥县地方品种,株高 95 厘米,蒜头单重 50 克左右,每个蒜头的蒜瓣数多为 6～8 瓣,分两层排列。一般亩产蒜薹 500 千克左右,蒜头 1000 千克左右。蒜头耐贮藏,在室温下存放时,一般到翌年 3 月才开始发芽。

4. 嘉定大蒜

上海市嘉定县地方品种,株高约 70 厘米,蒜苗高 70 厘米,蒜头单重 75～100 克,有 7～8 瓣,蒜瓣大而整齐,色洁白,肉质脆嫩,辣味浓烈。该种生长期约 240 天,生长势强,抗寒性强,是目前国内主要出口品种。

5. 北京紫皮大蒜

北京市地方品种,株高 50 厘米,蒜头单重 30～35 克,有 4～6 瓣。外皮紫红色,质脆,味浓,品质好,宜生食和加工。适宜播种期一般为 8 月下旬至 9 月下旬。该种较耐寒,抗病,耐贮藏。一般亩产蒜头 750～1200 千克,蒜薹 90～150 千克。

6. 蔡家坡大蒜

蔡家坡红皮蒜又名火蒜,陕西省岐山县蔡家坡地方品种,是著名的大蒜良种。株高约 65～80 厘米,蒜头单重约 45 克,每个蒜头有蒜瓣 8～12 瓣,分两层排列。抽薹率为 100%,抽薹期较整齐,上市早,品质佳。当地的适宜播种期为 9 月中下旬,翌年 4 月中旬采收蒜薹,5 月下旬至 6 月上旬采收蒜头。亩产蒜薹 265～300 千克,蒜头 750 千克。如栽培早蒜苗,每亩可产 3000～3500 千克。

7. 茶陵大蒜

湖南省茶陵县地方品种,株高 87 厘米左右,蒜头单重 56 克左右，瓣较大，外皮紫色，有 10～14 瓣。辛香味浓，品质好。该品种耐涝、耐寒、耐热、耐贮藏，抗病虫害。亩产蒜头 300 千克左右，产蒜薹 175 千克左右。

8. 川西大蒜

川西大蒜是四川省西部传统的特产蔬菜之一，每年栽培面积很大，远销国内外。川西大蒜的品种很多，有蒜苗、蒜头兼用种；蒜薹、蒜头兼用种；蒜苗、蒜头、蒜薹兼用种三个类型。

(1) 新都大蒜：蒜苗、蒜头兼用种以新都大蒜为代表种，株高 86 厘米，蒜头单重 25 克左右。每个蒜头约有 13 个蒜瓣，一般分 4 层排列。该种叶细软，香味浓，品质佳。该品种耐热，不易生蒜薹，亩产蒜苗药 1500 千克，产蒜头 1000 千克左右。

(2) 二水早：蒜薹、蒜头兼用种以二水早为代表品种，株高 74 厘米，蒜头单重 13～16 克。每个蒜头有 8～9 个蒜瓣，多分两层排列，平均单薹重 12 克，味浓，品质好。属中早熟品种，生长期 210 天左右，耐寒性较金堂早蒜强，耐热，抗病力较强，不早衰，适应性强。该品种一般亩产蒜薹 400～500 千克，干蒜头 300～400 千克。

(3) 金堂早蒜：蒜苗、蒜薹和蒜头兼用种的代表品种为金堂早蒜，株高 60 厘米，蒜头单重 12～16 克，每个蒜头有 8～10 个蒜瓣，分 2 层排列。抽薹率为 80% 左右，平均单薹重 8 克。该品种耐热、耐旱，出芽早，亩产蒜薹 100～150 千克，蒜苗 300～400 千克，蒜头 200 千克左右。

9. 海城大蒜

辽宁省海城著名的地方品种，又名耿庄大蒜。株高 75 厘米，蒜头单重 50 克左右，大者达 100 克。每头蒜有蒜瓣 5～6 个，蒜瓣

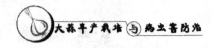

肥大而且匀整，香辣味浓。当地于 3 月中旬播种，6 月上旬采收蒜薹，7 月上旬采收蒜头，亩产蒜薹 100 千克，蒜头 1000 千克。

10. 开原大蒜

辽宁省开原县地方品种。株高 89 厘米，平均单头重 32 克。每头蒜有蒜瓣 7～11 个，分两层排列，平均单瓣重 3.5 克。当地于 3 月下旬播种，6 月中旬采收蒜头。该种味辣，品质优良，成熟早，耐贮藏，亩产 750 千克左右。

11. 毕节大蒜

贵州省毕节县地方品种，株高 91 厘米，蒜头单重 50 克左右，大者达 70 克。每个蒜头有蒜瓣 11～13 瓣，多者达 16 瓣，分两层排列。抽薹率为 98％～100％，平均单薹重 15 克左右。亩产蒜薹 350～380 千克，蒜头 1200～1500 千克。

12. 舒城大蒜

安徽省舒城县地方品种，株高 80～90 厘米，蒜头单重 50 克左右，外皮白色。每个蒜头有蒜瓣 6～9 个，瓣形大而整齐。亩产蒜薹 300～400 千克，蒜头 500 千克左右。

13. 永年大蒜

河北省永年县地方名产，又名狗牙蒜，株高 65～75 厘米，蒜头单重 20 克，有 5～6 瓣。一般不抽薹。抗病性较强，耐肥水，抗寒性略差。辛辣味较淡，但耐贮放。适宜作青蒜苗或软化蒜黄栽培，亩产蒜头 750 千克。

14. 拉萨大蒜

西藏拉萨地方特产，有白皮和紫皮之分。株高 79 厘米，蒜头单重 150 克左右，每头蒜 8～20 个蒜瓣，蒜衣白色。耐寒，耐旱，抽薹率低。当地可实行春、秋两季栽培，3 月上中旬或 10 月上中旬播种，8月下旬至9月上旬收获蒜头。当地条件下亩产蒜头2500千克左右。

15. 阿城大蒜

黑龙江省阿城传统名优地方品种。株高84厘米，蒜头单重30克左右。每个蒜头有蒜瓣6～10瓣，分两层排列。抽薹率为90%以上，但蒜薹产量低。当地于4月份播种，7月中旬采收蒜头，生育期100天左右，为当地的早熟大蒜品种，亩产蒜头约600千克。

16. 天津六瓣红

天津市宝坻县地方品种，株高65厘米，蒜头单重30克左右。每个蒜头的蒜瓣数一般为6瓣，少者5瓣，多者7瓣，分两层排列。当地于3月上旬播种，翌年5月下旬采收蒜薹，6月下旬采收蒜头。亩产蒜薹280千克左右，蒜头850千克左右。该品种产区位于北纬39°以北的平川地带，在当地系春播品种，引至陕西省杨凌（北纬34°18′）秋播时，第一年基本可保持其优良种性，但用所留蒜种再播种时便严重退化，蒜头显著变小，抽薹率降低。

17. 应县大蒜

山西省应县地方品种，有紫皮和白皮两种，以紫皮为主。植株长势旺盛，叶片深绿，有蜡粉。蒜头单重32克，大者达40多克。每头蒜有蒜瓣4～6瓣，少数为8瓣，蒜瓣肥大而匀整，肉质致密，辛辣味浓，品质好。当地于3月下旬至4月上旬播种，6月下旬至7月上旬采收蒜薹，7月下旬至8月上旬采收蒜头。

18. 宁蒜1号

黑龙江省宁安县农业科学研究所选育，株高60厘米左右，蒜头重45克左右，蒜头品质好，辣味浓，口感好。生长期95～100天，亩产干蒜350千克左右。喜肥水，抗旱抗病能力强，耐贮运。

19. 内蒙古大蒜

内蒙古自治区地方品种，有白皮和紫皮之分。株高55~65厘米，蒜头单重80克左右。在内蒙古生长期105~110天。其植株长势强，苗期抗寒，耐旱，抗盐碱，抗病性强，后期易受地蛆危害。该品种易抽薹，辛辣味浓，品质好，耐贮藏，亩产蒜薹75~100千克，鲜蒜头750~900千克。

20. 柿子红

天津地方品种，株高70厘米，蒜头单重40克，辣味适口，蒜皮易破裂，不耐贮运，亩产干蒜550千克左右。

21. 太仓白蒜

江苏省太仓县地方品种，株高92厘米，蒜头单重25克左右，每个蒜头有蒜瓣6~9瓣，分两层排列。抽薹性好，蒜薹粗而紧实，单薹重12克。当地于9月下旬播种，亩产蒜薹300千克左右，蒜头700千克左右。

22. 普宁大蒜

广东省普宁县地方品种，为广东省东部优良品种。该品种株高90厘米，蒜头平均单重20克左右，在当地可抽薹。

23. 中农蒜

中农大蒜是我国"863"高科技研究计划中的优秀成果。

（1）中农1号：株高90~100厘米，蒜头大，蒜薹产量高，抽薹齐，亩产蒜薹700~800千克。亩产鲜蒜2900千克，最高产可达3000千克以上。蒜皮紫红色，蒜皮厚，不散瓣，耐运输，蒜瓣夹心少，个头美观，品质优，氨基酸、大蒜素、维生素明显优于普通大蒜，且不易感染病毒。它根系发达，活力强、耐旱、耐寒，是大蒜育种史上的重大突破，成为目前我国大蒜出口及内销的重要品种之一。

（2）中农3号：中农3号大蒜种蒜薹产量特别高，亩产750千克，高产可达900～1000千克，抽薹整齐，其势极为壮观，而且质脆易拔不易老，蒜薹粗壮，鲜蒜产量在2500～3000千克。蒜头呈球形半高状，外形端正，色泽鲜艳，有光泽，蒜皮厚而韧，极耐贮运，适宜在全国大部分地区推广种植。

（3）中农4号：早熟杂交蒜，比普通蒜早上市15～20天，一般清明节前后抽薹，4月10日至4月30日大批量上市，亩产蒜薹500～750千克，鲜蒜五一节前后上市，蒜头直径5～7.5厘米，亩产鲜蒜2500千克左右。

24. 白皮狗牙蒜

吉林省郑家屯品种，株高89厘米，蒜头平均单头重30克左右。每头蒜有蒜瓣15～25个；分2～4层排列，蒜瓣形状像狗牙，平均单瓣重1.2克，抽薹率低，蒜薹细小，无商品价值。当地于3月下旬播种，7月下旬至8月下旬采收蒜头，亩产600～750千克。多做蒜苗生产用或腌渍用。

25. 陆良蒜

云南省陆良县地方品种，株高67厘米左右，蒜头单重30克左右。每个蒜头有蒜瓣10～11瓣，分两层排列。抽薹率为94%以上，平均单薹重13克左右。

26. 余姚白蒜

浙江省余姚县地方品种，株高70～90厘米，蒜头单重38克左右。每个蒜头有蒜瓣7～9个，蒜衣白色。当地于9月下旬至10月上旬播种，翌年5月上旬采收蒜薹，5月下旬至6月上旬采收蒜头，亩产蒜薹400～500千克，蒜头1000千克。蒜头、速冻蒜薹、脱水

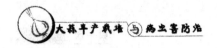

蒜薹远销日本及东南亚各国；糖醋蒜头、腌渍蒜头行销国内一些大城市。

27. 茶陵蒜

湖南省茶陵县地方品种，是湖南省大蒜栽培面积最大的品种，属紫皮蒜。株高 61～66 厘米，蒜头单重 56 克左右。每个蒜头有蒜瓣 11～12 个。香辣味浓，品质好，在当地为中熟品种。亩产蒜头300 千克左右，产蒜薹 175 千克左右。

28. 四月蒜

湖南省隆回县地方品种，株高 53 厘米，蒜头单头重 127 克左右。每个蒜头有蒜瓣 8～9 瓣，分两层排列。抽薹率达 100％，蒜薹粗实。在当地为晚熟品种，5 月上旬收蒜薹，5 月底至 6 月上旬采收蒜头。

29. 都昌大蒜

江西省都昌县地方品种，株高 60 厘米，蒜头单头重 30 克。每个蒜头有 8 个蒜瓣，分两层排列，蒜衣紫红色。蒜味浓，品质好，较耐寒，为当地薹、瓣兼用的优良品种。当地于 9 月中下旬播种，翌年 3 月下旬至 4 月上旬采收蒜薹，亩产蒜薹 400 千克左右，蒜头亩产 500 千克左右。

30. 上高大蒜

江西省著名大蒜地方品种，株高 70～90 厘米，蒜头单头重45～75 克。每个蒜头有 6～8 个蒜瓣，蒜衣紫红色，瓣肥厚，辛辣味浓，品质优良。耐涝，耐寒，较早熟，生育期 210 天。当地作蒜苗栽培时，于 8 月中旬至 9 月上旬播种，11 月至翌年 2 月采收，亩产 2000～2500 千克；作蒜薹及蒜头栽培时，于 9 月底至 10 月中旬播种，翌年 4 月中旬收蒜薹，亩产 250 千克；5 月中旬收蒜头，亩产 500～600 千克。

31. 早薹蒜二号

山东农业大学园艺系和西北农业大学园艺系选育，株高 75～80 厘米，该品种的最大特点是抽薹早、抽薹率高、蒜薹产量高。在陕西杨凌和山东泰安、成武、巨野等地，9 月中旬播种，翌年 4 月中旬采收蒜薹，5 月中旬采收蒜头。一般亩产蒜薹 600～1000 千克，蒜头 750～1100 千克；高产田每亩可产蒜薹 800～1100 千克，蒜头 900～1300 千克。

32. 襄樊红蒜

湖北省襄樊市郊区地方蒜薹和蒜头兼用品种，株高 87 厘米，蒜头外皮白色，单头重 22 克。每个蒜头有蒜瓣 9～11 瓣，分两层排列。抽薹率为 98% 左右，蒜薹长 48 厘米，粗 0.8 厘米，单薹重 13 克。

33. 来安大蒜

安徽省来安县地方品种，又名来安薹蒜，是当地蒜薹栽培优良品种，来安县也是全国蒜薹名产地之一。株高 100 厘米左右，蒜头外皮白色带淡紫色条斑，单头重 35～40 克。每个蒜头有蒜瓣 12～13 瓣，分两层排列。抽薹性很好，抽薹率达 100%，薹生长整齐，可一次采收完毕。当地薹用大蒜的适宜播种期为 9 月下旬至 10 月上旬。亩产蒜薹 500～600 千克，高者可达 700 千克，亩产蒜头 700～750 千克。因蒜衣容易剥离，适宜加工成脱水蒜片，产品远销欧美、日本及东南亚等十几个国家和地区。蒜头耐贮藏，在室温下可贮藏至翌年 2 月份。

34. 嘉定蒜

上海市嘉定县名优大蒜品种，嘉定县是我国大蒜出口历史长、

出口量大的大蒜生产基地。嘉定蒜包括嘉定 1 号大蒜（嘉定白蒜）、嘉定 2 号大蒜（嘉定黑蒜）两个品种。株高 80～86 厘米，蒜头外皮白色，单头重 22～24 克。每个蒜头有蒜瓣 6～8 瓣，分两层排列。抽薹性好，抽薹率接近 100%。亩产蒜薹 250～300 千克，产头 600～700 千克。

35. 红七星

四川省成都郊县地方品种，又名硬叶子、刀六瓣，属中熟品种。株高 71 厘米，蒜头外皮淡紫色，单头重 25 克左右。每个蒜头有蒜瓣 7～8 个，分两层排列。抽薹率为 80% 左右，薹细长。当地于 9 月中下旬播种，翌年 4 月上旬收获蒜薹，5 月上旬收蒜头。

36. 华蒜

（1）华蒜 1 号：该品种是山东省金乡地方种的变异株，经多年系统选育而成，是现今特早熟薹用型大蒜优选品种。该品种长势旺，抗逆性强，蒜薹肥长、均匀。白露播种，翌年清明前 3～7 天抽薹收获。适宜我国蒜薹产区种植。一般亩产蒜薹 900～1000 千克，高产地块可达 1250 千克，种用蒜头 300 千克。

（2）华蒜 2 号：该品种是一个蒜头、蒜薹产量都较高，集早熟、抗冻、抗病、优质于一体的双用型大蒜品种。该品种长势较强，根深叶茂，茎鞘坚硬抗寒，−16℃不受冻伤，好种易管。白露播种，翌年谷雨前 8～12 天收获蒜薹，芒种前 5～12 天收获蒜头，九成蒜头直径 5 厘米以上，大的达到 7～8 厘米。适宜我国薹、头双用型产区种植。一般亩产蒜头 2300 千克左右，高产地块可达 2500 千克，蒜薹 750 千克左右，高产地块可达 1000 千克。

（3）华蒜 3 号：该品种是一个品质很好、产量特高的头用型大蒜品种。该品种长势强劲，根系发达，茎鞘粗壮、坚实、抗风抗折，熟不倒棵，容易收获。其叶片宽、长、厚，叶色鲜绿，光合力强，蒜瓣白细，抗寒抗旱、喜肥耐瘠，蒜皮较厚，很耐储运，单个蒜头 100～200 克，大的可达 500 克，直径 7～8 厘米，大的达 11.1 厘米，株高 80～90 厘米，白露种植，翌年芒种前 3～7 天收获，适宜我国各蒜区种植。一般亩产蒜头 3600 千克左右，蒜薹 500 千克左右。

37. 彭县蒜

四川省成都市郊彭州市地方品种，有早熟、中熟和晚熟 3 个品种。植株高 75～99 厘米，中熟品种的植株最高，晚熟品种次之，早熟品种更次之。蒜头外皮灰白色带紫色条斑，单头重 22～33 克，每个蒜头有 7～8 个蒜瓣，分两层排列。抽薹率以中熟品种最好，达 100%，早熟品种和晚熟品种均达 98%左右。蒜薹质脆嫩，味香甜，上市早，产量高，在当地种植，亩产蒜薹 700 千克左右，高者可达 900 千克；亩产蒜头 750～1000 千克。该品种的适应性较强，故彭州市成为全国很多地区引进蒜种的基地，种植多年，表现很好，特别是蒜薹的上市期早，产量高，是目前比较理想的、主要用作蒜薹栽培的优良品种。

38. 桐梓红蒜

贵州省桐梓县地方品种，植株长势强，株形开张，叶片宽大，深绿色，耐寒性强。蒜头外皮紫红色，平均单头重 17 克左右。每个蒜头有蒜瓣 10～11 瓣，分两层排列。亩产蒜薹 470 千克左右，蒜头 500 千克左右。除适宜作以蒜薹为主的栽培外，因叶片宽大，苗期生长快，还适宜作蒜苗栽培。

39. 兴平白皮蒜

陕西省兴平市地方品种，株高 94 厘米左右，蒜头外皮白色，

平均单头重30克左右，大者可达40克。每个蒜头有蒜瓣10～11瓣，分两层排列。抽薹性好，抽薹率达100％。当地于9月下旬播种，翌年5月下旬采收蒜薹，6月中下旬采收蒜头，为晚熟品种。辣味浓，品质好，耐贮藏。多用于加工成糖醋蒜、白玉蒜（咸蒜肉）外销至省内外及日本。

40. 普陀大蒜

陕西省南部洋县普陀地方品种，株高85厘米，蒜头外皮淡紫色，平均单头重30克。每个蒜头有蒜瓣8～9个，分两层排列。抽薹性好，抽薹率达99％，是以蒜薹栽培为主的优良品种。

41. 耀县红皮

陕西省耀县地方品种，株高85厘米，蒜头近圆形，外皮浅紫色，平均单头重27.5克。每个蒜头有蒜瓣7～8瓣，分两层排列。抽薹性好，抽薹率为100％。为蒜薹和蒜头俱佳的品种。当地于9月中旬播种，翌年5月上旬采收蒜薹，6月上旬采收蒜头。亩产蒜薹400～500千克，蒜头750～800千克。

42. 吉木萨尔白皮

新疆维吾尔自治区吉木萨尔县地方品种。因蒜头大、蒜瓣肥、皮色洁白、品质优良、产量高、耐贮藏而享誉国内外，为出口换汇的重要品种。株高75厘米，蒜头外皮白色，平均单头重37克，大者可达80克。每个蒜头有蒜瓣10～11瓣，分两层排列。抽薹率为95％以上，但蒜薹短而细。当地于4月中旬播种，7月中旬至8月上旬采收蒜薹，9月上旬采收蒜头，生育期150天，为晚熟品种。亩产蒜薹100～150千克，蒜头1500千克，高产者可达2000千克。该品种辣味浓，品质好，耐贮藏，多用于加工成糖醋蒜、白玉蒜（咸蒜肉）外销至省内外及日本。

43. 民乐大蒜

甘肃省民乐县地方品种。株高 78 厘米，蒜头平均单头重 50 克左右。每头蒜有蒜瓣 6～7 个，分两层排列。当地于 4 月上旬播种，7 月中旬采收蒜薹，8 月下旬采收蒜头。

44. 土城大瓣

内蒙古自治区乌兰察布盟和林格尔县土城子乡地方品种。株高 75 厘米，蒜头外皮灰白色带紫色条纹，平均单头重 28 克左右，大者达 50 克。每头蒜有蒜瓣 8～9 个，一般分 3 层排列。当地春播夏收，可抽薹。

45. 临洮蒜

甘肃省临洮县地方品种，有白蒜和红蒜品种。株高 73～95 厘米，蒜头平均单头重 30 克。每头蒜有蒜瓣 21～23 个。当地于 3 月上中旬播种，7 月中下旬收获蒜头。它抽薹性较差，蒜薹短而细，主要用作蒜苗栽培。

46. 清涧紫皮蒜

陕西省北部清涧县地方品种。蒜头外皮灰白色带紫色条纹，平均单头重约 30 克。每头蒜有蒜瓣 5～6 个，分两层排列。当地于 3 月份播种，6 月上旬采收蒜薹，7 月上旬采收蒜头，为早熟品种。亩产蒜薹 90～100 千克，蒜头约 800 千克。

47. 伊宁红皮

新疆维吾尔自治区地方品种，株高约 90 厘米米，蒜头外皮紫红色，平均单头重 50 克左右。每个蒜头有蒜瓣 6～7 瓣，分两层排列。抽薹率虽然可达 100％，但蒜薹短而细，产量不高。当地于 9 月中旬至 10 月中旬播种，翌年 5 月下旬至 6 月中旬采收蒜薹，亩产蒜薹 150～200 千克。7 月中下旬采收蒜头，亩产蒜头 1600 千克

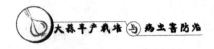

左右。其生育期 285 天左右。蒜头耐贮藏性不如吉木萨尔白皮蒜，在当地可贮藏到第二年的 3～4 月份。

48. 鲁蒜

"鲁蒜"是济南航天农业发展有限公司经过十几年的不懈努力培育成功的一个大蒜新品种。分为鲁蒜一号、鲁蒜二号。

（1）鲁蒜一号：蒜薹比普通大蒜早上市 7～15 天，亩产蒜薹 500～1000 千克，亩产鲜蒜头 2000～2500 千克，且蒜头比普通大蒜提前上市 10 天左右，可以抢占鲜蒜市场，效益极高，是普通大蒜的 2～3 倍。集双高双早于一身，即蒜薹上市早，蒜头上市早，蒜薹产量高，蒜头产量高。它抗寒抗冻，抗重茬，蒜头个大、皮厚，品质优，市场畅销。

（2）鲁蒜二号：主要表现为根系发达，生长势强，茎秆粗壮，叶面宽厚浓绿，抗寒抗病性强，蒜薹鲜嫩，甜辣适中，耐老化，不易断薹，亩产蒜薹 600～1000 千克。蒜头个大、皮厚，不散瓣，商品性好，品质优，富含维生素、氨基酸、大蒜素，亩产蒜头可达 3000 千克以上，是新老蒜区改良换代和出口创汇的最佳品种。

49. 银川紫皮

宁夏回族自治区银川市郊县地方品种。株高 65 厘米，蒜头平均单头重 30 克左右。每头蒜有蒜瓣 8～9 个，分两层排列，瓣形整齐、均匀，平均单瓣重 3 克左右。当地春播夏收，其抽薹性较差，薹细小，而且有半抽薹现象。

50. 航蒜

航蒜有航蒜 1 号、航蒜 2 号、航蒜 3 号、航蒜 4 号、航蒜 5 号、航蒜 6 号。

（1）航蒜 1 号：是中国农科院最新科研大蒜种子，结合航空基因突变技术，抗病性极高，主抗紫斑病、菌核病等。

航蒜 1 号大蒜种子是农科院大蒜研究所专家最新科研，集高产、抗病、抗寒、抗重茬、品质优于一体的大蒜新品种，通过有关专家测产验收。该品种株高 90～100 厘米，亩产蒜薹 700～800 千克，正常年份亩产鲜蒜 750 千克左右，是农科院"863"高科技研究计划中的优秀成果。它根系发达、活力强、耐旱、耐寒、活秆、活叶、活根成熟，是大蒜育种史上的重大突破，成为目前我国大蒜出口及内销的重要品种之一。

（2）航蒜 2 号：蒜头蒜薹双高双早品种，出薹特早，比普通早抽薹 10～15 天；蒜薹产量高，一般亩产蒜薹 600～750 千克；蒜薹青绿，蒜薹嫩，不易老，商品性好；蒜头大、产量高，亩产鲜蒜头 2000～2250 千克。其蒜头比普通早上市 10～15 天，鲜蒜在五一节即可投放市场。该品种抗逆性好，高抗叶枯、根腐、抗重茬。

（3）航蒜 3 号：蒜头大，蒜皮厚，比普通大蒜早抽薹 5～7 天。亩产蒜薹 600～750 千克，蒜头 2750～3000 千克。

（4）航蒜 4 号：大蒜茎秆粗壮，根系特长，叶片浓绿，蒜薹产量高，一般 500～750 千克，蒜头产量在 2750～3000 千克。

（5）航蒜 5 号：该品种株高 90～100 厘米，蒜薹产量高，抽薹齐，亩产蒜薹 400～500 千克，蒜头大，亩产鲜蒜 2800～3300 千克，蒜皮紫红色，蒜皮厚，不散瓣耐运输。其蒜瓣夹心少，个头美观，品质优，氨基酸、大蒜素、维生素明显高于普通大蒜。且不易感染病毒，根系发达，活力强、耐旱、耐寒、活秆、活根、活叶成熟，是我国出口创汇，改良换代的最佳品种，适宜全国大部分地区推广种植。

（6）航蒜 6 号：最新推出的白皮大蒜新品种，该品种生长势

强，蒜皮纯白有光泽，蒜头大、蒜皮厚。亩产干蒜 1500～1750 千克，蒜薹 400～500 千克，其维生素、大蒜油含量高，是出口创汇的优良品种。

三、品种选择原则

好的种蒜是获得高产稳产的基础，大蒜栽培前应根据栽培目的和当地的气候条件选用适宜的品种。一般北方秋播大蒜区，适宜选用白皮蒜，白皮蒜休眠期虽然较短，但其抗寒性较强，能安全越冬。南方秋播大蒜区，适宜选用紫皮蒜，紫皮蒜休眠期长，耐寒性不如白皮蒜，但品质优于白皮蒜，当然尽可能选择当地的适宜品种。在春播大蒜地区，如果改成秋播栽培，引种时应注意品种的抗寒性。

1. 蒜头栽培品种的选择

蒜头是以食用和加工为主的，在品种选择上应注意以下几点：

（1）应选用蒜头肥大圆整、高产优质的优良品种。

（2）应选用肥大蒜瓣作种，出根快，发芽迅速且整齐，蒜苗粗壮，营养生长良好，形成蒜头层次多，单头大，产量高。不要用小蒜瓣作种，以免出现过多独蒜头导致产量降低。

2. 薹蒜栽培品种的选择

薹蒜是以食用和加工脆嫩、粗壮的蒜薹为主的，在品种选择上应注意以下几点：

（1）选择苗期生长发育快、生长势强、易通过低温春化阶段、抽薹早的中早熟品种，争取提早上市。

（2）选择营养优势强，蒜薹粗壮、脆嫩、色绿、耐贮藏的中熟或中晚熟品种。

3. 青蒜栽培品种的选择

青蒜是以食用鲜嫩的大蒜假茎和叶片为主的，各种大蒜品种都可用来培育青蒜苗，各地均有自己适宜用于青蒜苗栽培的品种。过去多用小瓣品种，如用狗牙蒜来栽培育蒜苗。这种做法节约蒜种、成本低，但是蒜苗纤细、产量低、品质不好。目前各地多换用大瓣品种来栽培青蒜苗，因此，在品种选择上应注意以下几点：

（1）选择出苗快、苗期生长发育进程快、组织鲜嫩、叶色翠绿、外观商品性好的品种。

（2）选择品种休眠期较短、易醒眠，以便于炎夏栽培早秋青蒜，或选择休眠期长，耐贮存的品种，以便早春栽培青蒜。

（3）在早秋栽培青蒜苗时，应选用休眠期短的品种，以便播后及早发芽出苗。

4. 蒜黄栽培品种的选择

蒜黄是青蒜软化栽培的结果，也是食用大蒜的假茎和叶片，不仅要求组织脆嫩，而且要求茎白、叶金黄，在品种选择上应注意以下几点：

（1）蒜黄栽培品种的选择，要求蒜种品质好，瓣大而多。红皮蒜种生产出的蒜黄虽然粗壮，但产量低、味辣。白皮蒜产量较高，相对适合于人们的口味，因此以白皮蒜为好。

（2）选择头大、瓣壮、出苗快且苗期生长发育快、株高、茎粗、叶肥厚宽大的品种。

第四节　大蒜的栽培模式

1. 茬口安排

大蒜忌连作，连年在同一块地里种大蒜或与葱蒜类蔬菜（大

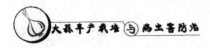

葱、洋葱、韭菜等）重茬，植株细弱，叶片变黄，产量降低，还容易遭受病虫害。大蒜除了避免重茬外，对前茬选择不严格，秋播大蒜以玉米、豆类、瓜类、番茄、马铃薯等比较好，春播大蒜以秋菜豆、南瓜、茄果类蔬菜以及棉花、豆类等大田作物为宜。大蒜喜肥，所以施肥量较大，根的分泌物有一定的杀菌作用，是其他蔬菜的理想前茬。

2. 轮作

轮作是在一定年限内，在同一块土地上，按顺序轮换栽种不同作物的栽培制度。大蒜要想达到持续高产、高效、优质的目标，不但要注意茬口安排，而且应每隔2～3年换茬轮作一次。

3. 间作套种

间作是两种作物隔畦、隔行种植，主作与副作共生期较长，可利用主、副作对环境条件需求的差异，达到相互有利，共同发展。

套种是在一种作物的生育后期，于行间栽种另一种作物，主作物与副作物共生期较短，可充分利用其空间和时间，提高单位面积的产量和效益。

大蒜秋播时生长期长达7～8个月，且苗期生长缓慢，绿叶面积和根系都小，不能充分利用阳光和土壤中的水分和养分。为了充分利用阳光和土壤资源，大蒜可与粮、棉、菜等间作套种，以增加效益。间、套作的方式有粮蒜套种、棉蒜套种和菜蒜套种等。

第二章　种蒜的选留

大田生产用种蒜数量较大，一般亩用种 150 千克左右，每年购买种蒜和靠科研单位提供大量的一代脱毒种蒜均较难满足生产需要，为此蒜农要每年选留种蒜。

第一节　种蒜的选择

1. 种蒜的挑选

大蒜选种，应从田间管理开始。

栽培大蒜时，应选择良好的地块，挑良好的蒜种，适期播种，合理密植，培育壮苗，加强肥水管理，适时收薹、收蒜。蒜头的采收不宜过早，否则蒜头嫩，水分多，组织发育不充实，在贮藏过程中还会因失水干瘪而降低品质，来年播种后出苗不齐；收获过迟，蒜瓣易分离，有时蒜头还会脱落于土中，不便采收。因此，选种的种蒜一般在蒜薹采收后 20～25 天采收为宜。在收获前应把符合品种特性、茎秆粗壮、叶片浓绿、根系好、无病虫害、个大、壮实的植株所结的蒜头选出。采收蒜头根据天气情况应保证有 3～4 天连续的晴天，采收时必须用铁锨挖松蒜头周围的土壤，挖后用手提住大蒜茎基部，一棵一棵的取出，以减少蒜头受伤。蒜头取出后及时剥掉泥土，削除蒜蒂和须根，就地摊晒 2～3 天，切忌淋雨，以免

蒜头发黑。

选留蒜头时，还要选择头大而圆，底平无畸形瓣，无损伤，大小均匀，皮色、肉色、分瓣符合本品种特性的蒜头，单晾晒、单编辫、单收藏；播种前再剔出受冻、受热、受伤，发芽过早、发黄、失水干瘪的蒜头，并选大瓣栽种；选头、选瓣要年年进行，可以提高种性。有条件时，可从产量高、品质好的冷凉山区、高纬度地区产地，引入为种，进行大面积换种，亦可迅速改良种性。

2. 种蒜的储藏

晒干的种蒜含水量仍很高，不能装入塑料袋或麻袋中，以防种蒜在高湿条件下发生霉变，可采用以下方法贮藏：

（1）挂藏法：选留的种蒜，经暴晒或人工干燥后，待叶子变软发黄，再将100个蒜头编成蒜辫，挂在屋檐下的铁丝或尼龙绳上自然风干。夏秋季可悬挂在临时凉棚、冷凉室内或通风贮藏库内；冬季最好移入通风贮藏库内，避免受潮受冻。

（2）堆藏法：选留的种蒜收获后，每50～100个捆成一捆，晒晾7～10天，然后选择阴凉通风的场所堆藏。堆藏时蒜头向外，3～5天要扒开蒜垛进行放风晾蒜，无论天阴天晴都要进行。放风晾蒜时应白天晾，傍晚把垛封好，以免雨淋腐烂。隔7天左右，再进行第二次放风。这样反复进行两次，使大蒜全部干燥，然后转移到室内通风处，堆放在贮藏库或大竹筐内，保持低湿、凉爽的条件，并经常检查。

（3）沟藏法：可选择向阳避风处挖一个沟深50～60厘米，沟宽60～70厘米，沟长可根据贮量的多少而定的土坑。埋藏时，将沟底用砖头或木棍等垫起，高5～10厘米，然后将蒜头堆放在上面，堆至距地表15～20厘米处。蒜头上面用木棍、纸壳、草苦子搭棚，四周再用土埋严，以防透风。盖棚时，在棚的一侧垂直绑一根细管，管内吊一只温度计，以便随时测定沟内温度的变化。贮藏期间沟内温度应控制在 $0\sim10℃$，当温度低于$-10℃$时，应加盖草苫保温，待温度回升后再及时撤掉。冬季降雪后，要在雪融化前将积雪清除干净，防止雪水流入沟内。早春时，于播种前 $2\sim3$ 天将蒜种取出，经轻度晾晒后，即可分瓣处理。这种贮藏方法，使贮藏期间的蒜种处于 $0℃$ 以下的低温条件，呼吸作用处于停止或半停止状态，减少了蒜种的营养消耗。播种前，蒜种硬实，新根萌发整齐一致，播种后植株生长健旺，能明显提高产量。

第二节　种蒜播种前的处理

无论以何种方式栽种大蒜，蒜种播种前都要对选留的种蒜进行处理，以便打破蒜种的休眠期。

1. 晾晒

播种前将蒜头晾晒 $2\sim3$ 天，以减少蒜皮和蒜瓣的水分，使蒜皮干裂，瓣间疏松，容易分开，同时可提高出苗率，萌芽早，并使出苗整齐。

2. 去除蒜皮与茎盘

由于蒜皮与茎盘严重地影响着蒜种的吸水能力，妨碍新根的生长，在选种时将蒜皮与茎盘去掉，能在很大程度上促进萌芽、发根，所以最好是将蒜皮去除后播种。

3. 选种

种蒜大小对产量影响很大，母瓣越大，长出的植株越健壮，所形成的蒜头也越肥大。选择母瓣大、无霉烂、无伤的蒜瓣，如不能

完全达到这一要求时，一般按大（4 克以上）、中（3～4 克）、小（3 克以下）分级。

4. 种蒜瓣处理

为了保证出全苗、出壮苗，在蒜种播种前可选择下列一种方式对蒜种进行处理。

（1）尿水处理：首先应按凉清水为 70％、人尿为 30％混合均匀后，将大蒜瓣放在水尿中浸泡 2～3 天，捞出晾干后播种，这样不但能提早出苗，而且生长得好，叶片阔而浓绿。

（2）药液浸种处理

①在大蒜播种前，用 50％多菌灵或代森锰锌 500 倍稀释液浸种，可有效地防止大蒜头表面病菌滋生、蔓延，保护母瓣，减少烂瓣，减少病害流行。同时药剂浸种后，种蒜吸收水分，对出苗生根也有促进效果。

②先用 500 克生石灰兑水 50 千克，浸泡蒜种 24 小时后捞出，再用 1 千克硫磺粉拌种 50 千克，然后将蒜种放在阴凉的地方，盖上细沙，可加速早发。

（3）低温处理

①把大蒜瓣放入水中浸泡 4～6 小时后装入袋内，放在阴凉的地洞中，2 周后当蒜瓣发根露嘴时立即播种，有条件的地方可放在 0～4℃的冷库中存放 10～15 天，然后取出后播种即可，就可提早发芽。

②将经浸水后的蒜瓣吊在阴凉的水井里，离水面 10～20 厘米，同样能有提早发芽的作用。

③种植量少的，可把浸泡后的蒜瓣用袋子装好放入冰箱内，5～6 小时后取出播种，同样也能提早出苗。

（4）采用"潮蒜"方法催芽：播种前15～20天，种蒜蒜瓣分级后在水中浸一下，放在地窖内或塑料棚中，铺在潮湿的地上（铺蒜的土壤湿度以手捏成团、落地即散为宜），厚7～10厘米，每3～5天翻1次，保持气温11～16℃，使种蒜受潮均匀，发根整齐。经过15～20天，大部分蒜瓣发出白根时即可播种，经过潮蒜处理的种蒜出苗快。

（5）沼液浸种：沼肥除了含有丰富的氮、磷、钾等大量元素外，还含有对蒜生长起重要作用的硼、铜、铁、钙、锌等微量元素，以及大量有机质、多种氨基酸和维生素等，应用沼液浸种不仅能增强种子抗逆性，使病虫害明显减少，而且还能提高蒜的产量和品质。

用100%沼液浸种24小时，所用沼液为产沼气2个月以上的沼气池（注意：浸种时沼气液需是正常运转使用2个月以上，产气正常的沼气池沼液，pH值为7～7.6的才能用于浸种；沼气池出料间的浮渣和杂物要清理干净；搅动料液几次，让硫化氢等有害气体逸散，以便于浸种；出料间不能进入生水、有毒污水，如肥料、农药等，出料间表面起白色膜状的沼液宜用于浸种）。首先将种子选晴好天气晒1～2天，打破休眠，然后将种子装入透水性较好的塑料编织袋内，一般每袋装10～20千克，留出一定空间，以备种子吸水后膨胀，然后扎紧袋口。其次将装有种子的袋子用绳子吊入沼气池出料间中部料液中，在出料间口上横放一根竹棒，将绳子另一端绑在竹棒中部，使袋子悬吊在固定的浸种位置。再次将大蒜种浸24小时后提出种子袋，沥干沼液，洗干净，然后栽植。浸种处理的种蒜可比不浸种的早出苗2天，整个生长期表现出黑绿、苗壮、抗病性强等特点。经过浸种的可亩增产17%。

（6）切顶处理：将选好的蒜瓣放在水中浸泡 36 小时，然后捞起，将每瓣大蒜头用刀切去顶端，注意切时不伤胚芽，每瓣约切去 1/4，看见中间有个小孔最为适宜，再按常规均匀地排在畦面上，施足基肥，覆土并盖上一层稻草，3 天即可齐苗。这是因为大蒜切顶前吸足了水分，打破种子休眠期，而且加之切去顶盖，胚芽很容易从子叶小孔内呼吸空气与吸收水分，从小孔中伸出来，且根芽齐全均匀。

第三节　大蒜的提纯复壮和留种

由于大蒜是无性繁殖，蒜瓣是变态的侧芽，是大蒜母体的组成部分，长期的无性繁殖必然导致病毒在体内的积累以及其他不良性状的累加，造成大蒜种性退化。退化的大蒜植株长势减弱，病毒病严重，蒜头和蒜瓣逐渐变小，产量逐年下降乃至丧失商品价值。很多大蒜产区的主栽品种，不同程度存在着品种退化问题，严重影响大蒜的产量和效益。下面介绍目前解决品种退化，实现品种提纯复壮的主要途径供大家参考。

1. 建立异地大蒜留种田

建立有一定地区差异和栽培差异的大蒜种田，可避免大蒜退化，提高大蒜的种性，有一定的异地生长优势。如山区和平原交换，旱区和稻区交换，菜园区和粮食区交换，在一定范围内不同方向的异地交换，如南方和北方，东方和西方，这些都能不同程度地提高大蒜和种性产量。

2. 混合选择法

大蒜生产一般不单独设立种子田，而是从生产田收获的蒜头中选留蒜种，因此不能按照种子田的要求去栽培管理。加上选种目标不够明确、稳定，致使原品种的优良特征特性得不到保持和提高。进行品种提纯复壮，必须建立完整的蒜种生产制度，包括确立选种目标、提纯复壮繁殖原种及制定原种生产田技术措施。

（1）确立选种目标：各地都有适应本地区地理环境、气候条件并在某些方面有突出优点的名优大蒜品种，为了保持和不断提高其优良种性，以适应市场需求的变化，应根据生产蒜苗、生产蒜薹、生产蒜头为主要目的，分别确定本地区主栽品种和配套品种的选种目标。因此，严格地讲，蒜苗生产、蒜薹生产及蒜头生产都应各自设立专门的种子田，从种子田的群体中，按各自的选种目标，连年进行田间选择和收后选择。

（2）提纯复壮繁殖原种：最简单的提纯复壮方法是利用一次混合选择法（简称一次混选法）。每年按照既定目标，从种子田中严格选优、去杂去劣，将入选植株的蒜头混合在一起。播种前再将入选蒜头中的蒜瓣按大小分级，将一级或二级蒜瓣作为大田生产用种。为了加强提纯复壮效果，还应将第一次混选后的种瓣（混选系）与未经混选的原品种的种瓣（对照）分别播种在同一田块的不同小区内，进行比较鉴定。如果混选系形态整齐一致并具备原品种的特征特性，而且产量显著超过对照，在收获时，经选优、去杂、去劣后得到的蒜头就是该品种的原原种。如果达不到上述要求，则需要再进行一次混合选择和比较鉴定。然后用原原种生产原种。由于大蒜的繁殖系数很低，用原种直接繁殖的原种数量有限，可以将原种播种后，扩大繁殖为原种一代，利用原种一代繁殖生产用种。与此同时，继续进行选优、去杂、去劣，繁殖原种二代。如此继续生产原种，直至原种出现明显退化现象时再更新原种。

（3）制定大蒜原种生产田技术措施：大蒜原种生产田的栽培管理与一般生产田相比，有以下特殊要求：

①选择地势较高、地下水位较低、土质为壤土的地段作为原种生产田。前茬最好是小麦、玉米等农作物。

②播种期较生产田推迟 10～15 天。迟播的蒜头虽较早播者稍小，但蒜瓣数适中，瓣形较整齐，可用作种瓣的比例较高。

③选择中等大小的蒜瓣作种瓣：过大的种瓣容易发生外层型二次生长；过小的种瓣生产的蒜头小，蒜瓣少，有时还会发生内层型二次生长。二者都导致种瓣数量减少，质量下降。

④适当稀植：蒜头大的中、晚熟品种，行距 20～23 厘米，株距 15 厘米左右。蒜头小的早熟品种，行距 20 厘米左右，株距 10 厘米左右。原种生产田如种植过密，则蒜头变小，蒜瓣平均单重下降，小蒜瓣比例增多；可用作种瓣的蒜瓣数量减少。

⑤早抽蒜薹，改进采薹技术：当蒜薹伸出叶鞘口，上部微现弯曲时，采取抽薹法抽出蒜薹，尽量不破坏叶片，使抽薹后叶片能比较长时期地保持绿色，继续为蒜头的肥大提供营养。

⑥选优、去杂、去劣工作应在原种生产田中陆续分期进行：一般在幼苗期、抽薹期、蒜头收获期、贮藏期及播种前各进行 1 次。根据生产目的，各时期的选优标准要明确、稳定。

3. 气生鳞茎繁殖

利用大蒜气生鳞茎作种，可加速良种繁殖，并有降低病毒积累量、提高蒜种生命力的作用。

气生鳞茎留种时，应不收蒜薹，待蒜头完全老熟、植株干枯时采收。采下成熟的气生鳞茎，筛选直径在 0.5 厘米以上的贮藏越夏。在秋季撒播在平畦内，每亩保苗 12 万～15 万株，覆土厚 2 厘米左右。其他田间管理与秋播大蒜相同。第二年长成独头蒜，留独头蒜作种，第三年长出正常的蒜头，此作种用，产量提高，种性较好。

4. 脱毒苗繁殖

为了解决大蒜体内积累病毒，造成种性退化、产量降低的问题，目前科研单位已研究出了应用大蒜茎尖无病毒的特性，用茎尖培育出无毒植株，这种茎尖脱毒组织培养法育成的脱毒大蒜，在生产中产量可提高 40%～50%，蒜头也显著增大。鉴于脱毒苗繁殖的技术性和可操作性，本书不向种植者进行详细介绍，有兴趣的朋友可以参考相关书籍。

第三章　栽培方式及管理

大蒜的栽培季节随南北各地气候而异。在北纬 35°以南地区，冬季不寒冷，幼苗可以露地越冬，一般行秋播；北纬 38°以北地区，冬季严寒，秋播幼苗易遭冻害，宜早春播种；北纬 35°～38°的地区，春秋播种均可。由于秋播生育期较长，产量明显高于春播，所以如温度环境许可，尽可能秋播。

第一节　秋播大蒜栽培技术

在北纬 35°以南地区的我国华北及以南的大部分地区，主要包括河南、山东、陕西省关中和陕南、晋南、冀南各地，大蒜均用秋播栽培。秋季播种，幼苗有较长的生长期，蒜头和蒜薹的产量较高，特别是蒜薹的产量提高尤为明显。因此，凡是大蒜幼苗能露地安全越冬的地区和品种，都应进行秋播。

1. 品种选择

一般秋播大蒜选抗寒能力强、休眠期短的白皮蒜品种，在较温暖的南方，也可选用紫皮蒜品种。凡已实行秋播的地区，尽量利用当地的品种。春播地区如改用秋播栽培，引种时应尽量从比当地温度低的地区引进抗寒的品种。

2. 选地

大蒜是弦状须根，吸收水肥能力弱，蒜头又在土壤中生长、膨大，所以大蒜栽培土壤要选择土质疏松肥沃、有机质含量丰富、排水良好的土壤，但以沙壤土为好。尽量不要选用黏土地块，因为土壤黏重时蒜头小而尖。大蒜在碱性大的地块栽培，植株瘦弱，蒜头易腐烂，返碱时假茎易倒伏，也容易受到地蛆等害虫的为害。

秋播大蒜的前茬，以早熟的菜豆、番茄、黄瓜、冬瓜、西葫芦、甘蓝、玉米、小麦、谷子等作物为好。

3. 种植方式

在东北、西北地区栽培大蒜，以单作为主；华北及其以南地区，大蒜多与其他蔬菜或粮食作物间套作。大蒜不要与葱、韭、洋葱等作物连作，因为这些蔬菜从土壤中吸收的养分、根系分泌的物质、病虫害种类基本相同。但大蒜自身可重茬2～3年，重茬的大蒜味好、皮薄、产量高、采薹容易。但要注意大蒜重茬时要多施腐熟有机肥，及时补充土壤养分。

4. 整地、施肥

秋播的大蒜在前茬收获以后，如果距离播种时间较长，要耕翻晒垡，翻耕深度10～20厘米。翻耕后晒垡15天以上，在晒垡时要除去杂草。播种前每亩施入腐熟的农家有机肥4500～5000千克，配合有机肥作基肥施用的磷肥一般亩可施用过磷酸钙30千克左右，缺磷的新蒜区可施到45千克，老蒜区土壤速效磷的含量比较高，有机肥料的施用量又多时，可施用15千克左右；钾肥一般亩施用硫酸钾30千克左右。基肥的使用一般是将有机肥料在整地前施用一半，均匀地撒施在地表，结合整地，翻入地下，另一半在播种时集中沟施，使肥土相混。

5. 作畦、垄

畦播时翻地后，耙细、整平，做成宽1～1.5米的平畦。与其

他作物套作时，应留出间套作畦。畦作可适当提高种植密度，提高单位面积产量，但地温低，幼苗出土慢，鳞茎发育膨大时受到的土壤压力大。

垄作时，一般的垄距为60～75厘米，垄背宽20～30厘米，垄肩宽7～10厘米，垄高6～10厘米，垄沟宽30厘米，垄背上种两行，行距20厘米。垄作时，地温升温快，土壤的耕作层厚，土壤疏松，大蒜出土快，鳞茎膨大时所受土壤的压力小，蒜头大，品质好。但单位面积上的株数少，产量低。

6. 播种期

大蒜幼苗露地越冬的最佳叶龄是4～6叶时，此时株高为25厘米左右，根系30条左右，植株的抗寒力最强，越冬不易发生冻害。第二年植株营养生长、生殖生长并进阶段，生长发育良好，产量最高。如播种过早，幼苗在越冬前生长过旺而消耗养分，则降低越冬能力，还可能再行春化，引起二次生长，第二年形成复瓣蒜，降低大蒜品质。播种过晚，则苗子小，组织柔嫩，根系弱，积累养分较少，抗寒力较低，同化能力弱，产量亦不高。

大蒜幼苗长到4～6叶需40～45天的时间，越冬停止生长时的日平均气温为7℃以下。适宜的播种期应为从停止生长日向前推算。山东地区为10月初至10月20日，北京地区为9月中下旬，长江流域及其以南地区一般在9月中、下旬播种为宜，在此期间月平均气温为20～22℃，天气凉爽，适宜幼苗的出土和生长。

7. 选种

秋播如果使用的是经过生理休眠期的蒜种，选种时要观察选留的蒜头是否已通过休眠期。蒜种通过休眠期的标志是蒜瓣出现幼根突起，幼芽萌芽伸长，芽鞘与新叶之间出现空腔。如果使用的是当年春季的蒜种，需对蒜种进行处理（将种蒜不去皮，放在容器里使蒜皮潮湿，放置3～4天）。然后掰瓣，淘汰伤残、烂瓣、风干、发软、无芽瓣，虫蛀、沤根的蒜瓣。据试验，剥去种蒜瓣包皮，出苗较快且整齐，但用工量太大，且易抠伤母瓣，所以一般是带包皮播种。

8. 种蒜处理

大蒜发芽期及幼苗期的营养主要来自母瓣，大瓣蒜出苗早、出苗齐，幼苗健壮，生长势强，蒜头和蒜薹产量高，所以在播种前，要对蒜瓣大小进行分级，凡百瓣重500克左右的为一级，百瓣重400克左右的为二级，300克左右的为三级。生产上尽量用一二级种，淘汰三级种。播种时，一级种蒜应稍稀，二级应稍密，这样有利于合理密植和统一管理。

蒜瓣掰开后，呼吸作用明显加强，堆积过厚易发热伤种，应注意摊放在阴凉处。

9. 播种密度

蒜薹和蒜头的产量是由每亩株数、单株蒜瓣数和薹重、瓣重三者构成的。应按品种的特点做到适当密植，使每亩有较多的株数。早熟品种一般植株较矮小，叶数少，生长期也较短，密度相应要大，以亩栽5万株左右为好，行距为12～15厘米，株距为6～7厘米，亩用种150～200千克。中晚熟品种生育期长，植株高大，叶数也较多，密度相应小些，密度宜掌握在亩栽4万株上下，行距16～18厘米，株距10厘米左右，亩用种150千克左右。

10. 播种方法

北方地区覆盖地膜越冬的要采用畦播方式，南方露地越冬的可作畦或起垄两种形式进行播种，但不论用什么方法播种，都要求土

壤上紧下松。种蒜以下土壤疏松，有利于扎根，减少跳蒜现象。

（1）畦栽：畦栽有插栽和沟栽两种方法。插栽的可干栽，也可湿栽；沟栽的均为干栽。

①插栽干栽法：按选择的品种及行距把蒜瓣插入土中，微露尖，其上覆盖2厘米厚细土，用脚踏实，使蒜瓣与土壤接触紧密，利于根系吸收水分，同时也可防止浇水时将母瓣冲出，踏实以后再浇水。

②插栽湿栽法：先平整畦面，而后浇足水，待水渗下以后，按选择的品种及行距将蒜插入土中，微露尖。

③沟栽干栽法：先在畦的一侧开沟，把种瓣按株距要求直立距摆在沟中，而后开第二条沟，用开第二条沟的土给第一条沟覆土，而后踩实，浇明水。

栽蒜一般要掌握"深栽葱浅栽蒜"的原则，并且播种深度要均匀一致，以利出苗整齐。秋播大蒜一般播种深度6～7厘米，上面覆土厚3～4厘米。栽植过深出苗迟，以后蒜头受到的土壤压力大，就不会长成大头蒜；栽植过浅，种蒜易跳蒜，幼苗期易根际缺水，蒜头易露出地面，受阳光照射后，蒜皮容易粗糙，组织变硬，颜色变绿，降低品质。

（2）垄栽：大蒜的垄栽有干栽和湿栽两种方法。

①干栽：干栽的按垄距65厘米左右开宽窄两行沟，宽行45厘米，窄行20厘米，沟深1.5厘米。栽蒜以后，在宽行的两侧取土覆盖，先盖半垄土，将蒜瓣压住，两小行间留小沟便于浇水，待蒜出芽以后，再在宽行取土填平中间的小沟，做成宽30厘米的垄，使原来的宽行变成沟，以便于浇水。

②湿栽：湿栽是先在窄行开沟，沟宽20厘米，在沟中浇水，

水渗后在小沟两侧各栽一行蒜，从两边取土，覆盖3厘米厚，而后将垄耙平，此法用水量小，对保持早春的地温有利。

为了防除杂草，可于播种至出苗前喷除草剂。每亩用25%绿麦隆可湿性粉剂300克喷雾，可以防除牛繁缕、看麦娘等一年生禾本科杂草和阔叶杂草；每亩用25%异丙隆可湿性粉剂300克喷雾，可以有效防除看麦娘、牛繁缕等多种一年生禾本科杂草和阔叶杂草；每亩用12%农思它（恶草酮乳油）200～250毫升喷雾，可以防除荠菜、米蒿、婆婆纳、小旋花等阔叶杂草；每亩用50%乙草胺乳油100～120毫升喷雾，可以防除一年生杂草，对禾本科杂草的防效优于阔叶杂草，可以在以马唐、牛筋草、早熟禾、看麦娘等禾本科杂草为主的蒜田使用；50%乙草胺每亩用量不能超过200毫升，否则会发生隐性药害；每亩用大惠利（50%萘丙酰草胺可湿性粉剂）100～120克喷雾，可以防除看麦娘、早熟禾、播娘蒿等一年生杂草，对禾本科杂草的防效优于阔叶杂草。

只要环境温度适宜，大蒜自播种1周内便可发出30余条新根，其须根集中在蒜瓣的背面基部，发根整齐一致，如果遇到下部的土壤不松软，扎不下去，会把种蒜向上顶起，露出土面，这种现象叫"跳蒜"。已经跳出地面的种蒜，如不及时栽回土壤中，会造成损失，即使栽回土壤中，正常的生长也会不同程度地受到影响，所以在播种时就要做好预防。

北方地区覆盖地膜越冬，大蒜播种后覆膜前，可以选用绿麦隆、异丙隆、农思它、乙草胺、大惠利、施田补等药剂化除，使用方法同前。如播种前先盖地膜，则需用插蒜法播种。如果播种后再盖地膜，出苗后需人工及时放苗（就是须及时人工辅助破膜扶大蒜苗露出膜外）。在幼苗顶土期，每天要查看出苗情况，如果在大蒜

幼苗出土 3～5 天仍不能自行破膜出苗，要及时进行人工辅助出苗，方法是用小铁丝弯成小钩破膜将幼苗引出或用小刀划破薄膜将幼苗拉出，每天进行一次，3～4 天苗可全部出齐。如果不及时进行人工辅助出苗，幼苗将在膜下弯曲生长，将膜顶起，不利于大蒜正常生长。

11. 田间管理

（1）越冬前管理：一般是指秋播大蒜的冬前管理，要求培养壮苗，以便第二年早春返青快，长势强，为营养生长和生殖生长打下良好基础。大蒜冬前壮苗的标准是有 5 片叶，株高 25 厘米左右，单株鲜重在 10 克左右，根系均匀，有 30 条左右。

大蒜适期秋播种以后，外界温度环境适宜，生长迅速，管理上要促进大蒜迅速出苗，加强中耕除草，适时适量浇水追肥。

在播种以后，土壤墒情差时要立即浇透水，播种以后 1 周幼苗出土，需要再浇一次催苗水，而后中耕除草。冬前可根据情况结合浇水追施一次复合肥（忌施碳铵，以防烧伤幼苗），每亩 10 千克。浇水后，当苗长出第二片叶子时，中耕一次进行蹲苗，促进幼苗根系的正常生长。南方地区如果土壤潮湿，含水量太大时，应及时开沟排水，防止潮湿烂母。

（2）越冬期管理：南方温暖地区，可在浇越冬水后，中耕松土露地越冬。在地蛆发生严重地区，可在出苗期在地面喷药防治。北方地区覆盖地膜越冬的在土壤封冻前，选择晴好无风的中午天气较寒冷、夜冻昼消时适时浇足越冬水，浇水量通常以浇水后水能全部渗下地面不结冰为准。近年来，一些蒜农在冬季给越冬期的大蒜覆盖二层膜，使大蒜安全越过冬季，还使大蒜在来年返青时表现苗齐苗壮，蒜薹的产量和品质都有所提升。也可以给越冬的蒜苗进行覆盖稻草等农作物秸秆减少冬害对大蒜的影响。

（3）返青期管理：第二年春天天气转暖，气温回升，越冬蒜苗开始返青生长。当日平均气温稳定在 1～2℃时，即可去除地膜、稻草、秸秆等覆盖物。撤覆盖物要分次进行，先撤一半，露出蒜叶，使幼苗逐渐适应外界气温，防止气温突然变化遭受冻害。幼苗经过适应、锻炼后，再全部撤去覆盖物后，露地栽培的要进行中耕，疏松土壤，提高地温。中耕后晒 3～5 天，即浇返青水，浇水量不可过大。为了促进蒜薹和蒜头的分化，浇水时可每亩开沟施入尿素 10～15 千克，而后再浇水，而后浅中耕。中耕可在疏松土壤的同时提高早春的地温，还能减少水分的蒸发，有利于保墒和防止返碱伤苗。返青以后要做好病虫害的防治工作。

（4）旺盛生长期的水肥管理：大蒜返青以后，花芽和鳞芽开始分化，地下部发生第二批新根，叶片全部长出，植株进入旺盛生长期，在管理上应加大肥水管理，促进植株旺盛生长，减轻叶片黄尖程度，保证蒜薹高产，并为蒜头高产打下基础。一般 8～10 天浇水 1 次，保持土壤见干见湿，水分适中，共浇水 6～7 次，隔一次水追施一次复合肥，一般每亩要追施 25 千克，也可追施尿素和硫酸钾各 15 千克。此期在除掉杂草的同时也要注意及时灌药防治地蛆。

在抽薹期，植株的生长量大，需水量也很大，加上土壤的蒸发，应增加浇水次数。一般 5～6 天浇 1 次水，保持土壤湿润，促进蒜薹生长发育。采收蒜薹前 3～5 天停止浇水，以利"松口"采薹。抽薹期，每浇 2 次水可追 1 次速效氮肥，每次每亩施尿素 20～25 千克。

（5）采收蒜薹：蒜薹一般是蒜头的副产品，必须及时采收，如不及时采收，会影响蒜头的产量，也降低蒜薹的品质；采收过早，蒜薹短小，产量也不会高。适时收获蒜薹的标准是总苞在植株上方打一个弯即将抬头；总苞下面的轴与苞，上边的尾与苞，三者有4～5厘米长的距离，呈水平状态；总苞明显变大，颜色由绿色变黄，由淡黄到发白；薹轴与最上1叶的接触处以上有4～5厘米长的一段变成淡黄色。蒜薹收获有严格的时间性，一旦成熟，应抓紧收获。

采收蒜薹最好在晴天中午和午后进行，此时植株有些萎蔫，叶鞘与蒜薹容易分离，并且叶片有韧性，不易折断，可减少伤叶。若在雨天或雨后采收蒜薹，植株已充分吸水，蒜薹和叶片韧性差，极易折断。

采薹方法应根据具体情况来定。以采收蒜薹为主要目的，为获高产可剖开或用针划开假茎后拔薹，但假茎剖开后，植株易枯死，蒜头产量低，且易散瓣。以收获蒜头为主要目的，应尽量保持假茎完好，促进蒜头生长。采薹时一般左手于倒3～4叶处捏伤假茎，右手抽出蒜薹。该方法虽使蒜薹产量稍低，但假茎受损伤轻，植株仍保持直立状态，利于蒜头膨大生长。

大蒜的生长速度不一，蒜薹的成熟期亦不一致。所以，蒜薹采收不可能一次采完，应在2～3天内连续采收。

（6）大蒜采薹后的管理：采薹后立即浇水、追肥，延长叶片和根系的寿命，多制造养分，并促使叶片的养分向鳞茎转移。提薹后8天是蒜头膨大盛期，每头蒜日增重达1.4克左右。为此，采薹后拔1次草，每亩施尿素或复合肥15～20千克，并及时浇水。以后每4～5天浇1次水，保持土壤湿润。收获前5～7天停止浇水，让蒜头组织老熟。收蒜前浇1次水，以利起蒜。

12. 收蒜头

收蒜薹后15～20天（多数是18天）即可收蒜头。当田间80%

植株基部叶片干枯，顶部尚有 2～3 片绿叶，假茎松软时即为采收适期。蒜头应选在晴天收获，这样挖出的蒜头外皮完整，而且晾晒干燥较快，减少贮藏期间蒜头霉烂变质现象。蒜头采收应及时，蒜头采收过早，成熟度不够，蒜头嫩，水分多，瓣瓣易干瘪，产量低，而且不耐贮藏，同时由于蒜头未充分成熟，芽叶发育不完全，作蒜种时出苗率低；采收过迟，全部叶鞘都变薄干枯，蒜瓣容易散开，小芽容易萌动生长，对贮藏也不利。但用作加工盐渍蒜、糖醋蒜的蒜头应比采收适期提前 5～7 天。若天气较旱，应于收获前一天轻浇水 1 次，使土壤湿润。起蒜时用手提拉假茎，即可将蒜头拔出。如果播种过深，可先挖松蒜头根部泥土，然后再拔出蒜头，拔蒜时要注意保护蒜头不受伤害，去掉泥土和根须后，放在田里晾晒。过 2～3 天后运至晒场晒干，茎叶干燥，即可贮藏。大蒜收获后，若采用地膜栽培的应及时清除田间残留地膜。

第二节　春播大蒜栽培技术

我国北纬 38°以北地区，主要包括东北各省、内蒙古、甘肃、新疆、陕北、山西与河北北部地区，冬季严寒，蒜苗难以度过寒冬，多实行大蒜春播栽培。

1. 品种选择

春播所用的品种要求冬性弱，以便顺利通过春化阶段而进行花芽、鳞芽分化，不致形成不抽薹的独头蒜。春播品种的生长期宜短，以便在高温期来临前，成熟采收。生产中多利用红皮品种。有些白皮的狗牙蒜品种，生长期虽长，但蒜头膨大期适应长期高温条件，也适合于春播栽培。

2. 整地、施肥

春播大蒜的前茬，以豆类、瓜类、茄果类为好。由于春蒜播种期早，春季来不及翻地，故应在冬前整地、施肥、翻耕。结合深翻，每亩施入 5000～7500 千克腐熟的有机肥。

3. 作畦、垄

春播大蒜，既可垄作，也可畦作。

畦作一般可做 0.8～1.0 米宽的畦，在畦埂上定植其他作物，也可做成 1.3～1.5 米的宽畦，实行单作。畦作可适当提高种植密度，提高单位面积产量，但地温低，幼苗出土慢，鳞茎发育膨大时受到的土壤压力大。

垄作一般的垄距为 65～75 厘米，垄背宽 27～30 厘米，垄肩宽 7～10 厘米，垄高 6～10 厘米，垄沟宽 30 厘米，垄背上种两行，行距 20 厘米。垄作时，地温升温快，土壤的耕作层厚，土壤疏松，大蒜出土快，鳞茎膨大时所受土壤的压力小，蒜头大，品质好。但单位面积上的株数少，产量低。

4. 播种

春蒜播种在适期内尽可能提早，以延长本来就比较短促的生长期。大蒜比较耐寒，早播不会遭到冻害。播种稍晚，接受低温感应的时间不足，就难以通过春化阶段，致使花芽、鳞芽不能正常分化，不但不抽蒜薹，且只有原来唯一的营养芽转化为鳞芽，只能形成产量较低的独头蒜。所以，在土壤日消夜冻的时期就应抓紧整地、播种。华北地区多于 3 月上中旬播种。

春蒜播种以采用"坐水栽"为好（在沟中浇水栽蒜），这样有利于提高地温，促进早出苗。同时春蒜植株较小，密度应比秋蒜大，每亩以 50 000 株左右为宜，株行距为 8 厘米×15 厘米。播种方法同秋播。

5. 苗期管理

春播蒜可在 3～5℃下发芽，但早春的温度低，大蒜幼苗生长缓慢，大约 10 余天才可出土，再过 20 天才烂母，进入花芽、鳞芽分化期。春播蒜的幼苗期仅不到 1 个月，显著短于秋播蒜，因此，春播蒜要求精细管理。

春播蒜的苗期正值早春低温时期，为了提早出苗，浇水量不宜过大。如果因覆土过浅、浇水量小、底土坚硬而发生蒜种"跳瓣"时，可及时再覆一次土，或再浇小水。在出苗前，如果发现土壤板结，只可浇小水，不可用锄中耕，以防止碰伤大蒜的芽鞘，影响出土。

大蒜出土后应多次中耕，以便疏松土壤，去除杂草，提高地温。一般在 2～3 叶时结合除草进行中耕一次，下锄要浅；长到 4～5 片真叶时，结合除草再中耕一次。中耕前，如果发现土壤干旱，可先浇水后中耕。

从播种起 35～40 天，种蒜的营养物质消耗完毕，大蒜要发生退母，此时的植株营养青黄不接，叶片尖端出现黄化现象，此时要及时进行追肥浇水，以减轻或避免黄尖现象。

6. 其他管理

春播大蒜中后期管理与秋播大蒜相同。

第三节　青蒜栽培技术

青蒜在北方地区称为蒜苗，以幼嫩叶片和洁白假茎为食用部分，既可作绿叶菜食用，也可作调味品用，一年四季均可生产供应

市场。其栽培方式有露地栽培、设施栽培（小拱棚栽培、塑料温室大棚栽培等）两大类。

一、露地栽培法

1. 品种选择

各种大蒜品种都可用来培育青蒜苗，各地均有自己适宜用于青蒜苗栽培的品种。过去选用小瓣品种，虽然节约蒜种及成本，但蒜苗纤细、产量低、品质不好。目前各地多换用大瓣品种来栽培青蒜苗。大瓣种进行青蒜苗栽培时，虽然用种量大，成本稍高，但产量很高，品质好，生长旺盛。蒜头按大小分为三级，以便分级播种。

2. 播种时期

在我国南方地区，早蒜苗（早秋播种），一般在 7 月下旬至 8 月上中旬播种，10 月上旬至 11 月上旬上市；晚蒜苗（秋播），一般在 9 月上旬前后播种，"元旦"后陆续上市供应至"春节"；春蒜，9 月下旬至 10 月播种，"元旦"开始上市供应至春季 2～3 月；夏蒜，翌春 2 月上中旬播种，4～5 月上市。北方地区，露地栽培 8 月中下旬至 9 月下旬播种，可收获至 11 月中下旬。

3. 茬口安排

栽培青蒜对茬口的要求不严格，只要前茬不是其他葱蒜类蔬菜即可。但秋大蒜栽培在高温季节，最好以瓜菜类、果菜类、叶菜类夏熟蔬菜作为前茬。

4. 整地施肥

青蒜播种前 1 周要翻耕土地，结合深翻，每亩施入 3000 千克腐熟的有机肥，与土壤混匀后做畦，一般畦宽 1～1.5 米，沟宽 30 厘米，做到平畦深沟，有利于排灌和操作。

5. 蒜种处理

先将种蒜头晾晒 2～3 天，再剥下蒜瓣，去附除茎盘后，按蒜瓣的大小分为三级，这样做可使出苗整齐，便于田间管理。栽培秋大蒜的，使用当年的蒜瓣必须经过特殊的处理，以打破蒜瓣的休眠期，促进蒜瓣早萌芽发根。处理的几种方法如下：

（1）用清水浸泡 1～2 天再播种。

（2）用 50％多菌灵 500 倍液等量浸泡 24 小时，捞出晾干表面水分后播种。

（3）将蒜瓣放在 30％尿水中浸泡 1～2 天。

（4）有条件的可进行低温处理，即将蒜瓣用纱网吊入深井水中浸 24 小时，或用冷水浸洗后放在阴凉处，在蒜瓣发根露嘴时播种。

（5）将种蒜瓣用清水淘洗，取出后立即放在地窖中，保持 15℃温度和 85％的空气相对湿度，促使其在密闭的环境下发根，10 天后大部分蒜瓣发根以后，即可播种。

（6）将蒜瓣喷湿以后，存放在冷库、冷柜与冰箱中，保持 2～4℃的低温，2～4 周后即可播种。

6. 播种

青蒜生长期短，密度依品种特点和播种时间而定。夏青蒜株距 2～3 厘米见方；秋冬蒜开沟条播，株行距 2 厘米×11 厘米或 3 厘米×7 厘米。秋冬青蒜可和大蒜同时隔株播种，株行距为 16 厘米×5 厘米，大小瓣间隔播种；春蒜开沟条播，株行距为 5 厘米×10 厘米或 6～8 厘米见方。一般每亩用种量 500～650 千克。

秋冬大蒜、春大蒜、夏大蒜在播种之前先浇底水，待底水渗透以后，按计划密度将蒜瓣插入土中，播完后上面盖土 3 厘米。秋大蒜播种前一定要浇底水，并且播种时要将蒜瓣的 1/3～1/2 露出地面。

秋大蒜和播种较早的秋冬大蒜要进行遮荫。荫棚高 1 米以上，保证空气流通。遮荫材料最好用遮阳网，覆盖的时间一般为 8：00～16：00，入夜不揭网，可将网四周拉离地面 50 厘米高，让早晚的阳光进来，阴天不要盖网。一般秋大蒜从播种到收获的整个过程都要遮荫，而早播的秋冬大蒜只在播种到苗出齐的一段时间里遮荫。

7. 田间管理

（1）浇水：秋大蒜和秋冬大蒜播种以后，气温较高，气候干燥，土壤中的水分蒸发快，所以，秋大蒜一般每 2～3 天浇 1 次水，直到蒜苗出齐为止。浇水时间可选在傍晚，也可在清晨 8 时以前进行，这时水凉、地凉，在提高土壤湿度的同时，可降低地温，促进蒜瓣发根。浇水的量要适中，水量过大，土壤过湿，会引起蒜瓣腐烂，蒜苗发黄，影响品质和产量。春大蒜和夏大蒜由于播种时气温低，在浇足底水后，出苗以后只浇 1 次齐苗水，以后浇水要视土壤墒情而定。

（2）追肥：青蒜苗主要依靠种瓣积累的养分生长，如果育苗畦内基肥充足，生长期可不必追肥。蒜苗出齐后，对肥料的吸收量逐步加大，一般当苗高于 3 厘米时，即应开始追肥，每亩随水冲施尿素 10 千克，采收前 15～20 天，也可追施一次尿素。

8. 采收

优质青蒜苗的标准是假茎长而粗，棵间大小较整齐，叶片柔嫩不徒长，无枯黄叶和干叶尖。

青蒜采收可分为一次采收和多次采收。多次采收时，青蒜长到 20 厘米以上，分批间拔，或隔株采收，洗净泥土杂物后打捆上市，每亩可收获鲜蒜苗 2000 千克左右。

二、设施栽培法

目前设施栽培青蒜一般在小拱棚栽培、塑料温室大棚栽培中进行。

1. 种蒜的选择

种蒜的选择同"露地栽培法"。

2. 播种时期

由于蒜苗生长所需的温度条件不高，所以栽培中多采用小拱棚、塑料大棚，或在日光温室的北墙根等地栽培。

在设施内栽培，可从 10 月上旬至翌年 3 月陆续播种，陆续收获至翌年 5 月份。从播种至收获蒜苗所需的生长时间，决定于温度条件。在日平均气温 13～20℃的条件下，从播种至收获需 45～50 天时间。如温度在 7～13℃，则需 75～80 天；在 0～7℃时，幼苗停止生长，但不受冻害。

3. 作畦

无论是小拱棚还是塑料大棚都可做成 1.5～1.7 米宽的平畦。每亩施腐熟的有机肥 3000 千克，浅翻 10 厘米。耙平作畦。

4. 种蒜的处理

种蒜的处理同"露地栽培法"。

5. 棚、室消毒

在播种前 10～15 天，把架材、农具等放入棚、室中密闭，每亩用硫磺粉 1～1.5 千克，锯末屑 45 千克，分 5～6 处放在铁片上，点燃；或用 52%百菌清烟剂 3700 克点燃，可消灭棚、室内墙壁、骨架等上附着的病原菌。

6. 播种

播种同露地栽培法，但须注意以下问题：

（1）秋播大蒜的播种期应比不覆盖栽培的推迟5～10天。春播大蒜的播种期应比不覆盖栽培的适当提早。

（2）大棚播种时应先播种后浇水，千万不能先浇水后播种。

（3）施用长效性有机肥和化肥作基肥，在做畦时1次施入。氮肥用量较不覆盖栽培者减少1/3左右。磷、钾肥用量与不覆盖栽培相同。揭膜前不施追肥。

（4）采用塑料薄膜拱棚覆盖栽培时，无论秋播或春播，盖膜时间不宜太早，使苗期经受足够的低温，促进花芽和鳞芽分化。最好在花芽和鳞芽开始分化后盖膜，以提高棚内温度，与此同时，日照时间逐渐加长，花芽和鳞芽可正常发育。揭膜时间不可过迟，一般当气温稳定在15℃以上，便可揭去棚膜。

7. 日常管理

（1）小拱棚保温栽培：8月下旬至9月上旬播种的秋冬蒜，到了10月中下旬天气转冷时应插拱架扣膜。扣棚前浇水、追肥1次，每畦撒尿素2千克，及时浇水扣棚。扣棚后，棚温白天以20～25℃为宜，超过30℃及时通风。11月下旬到12月初，为防止寒害，应及时加盖草苫。盖草苫前酌情浇1次小水，可随时供应市场。

（2）塑料大棚保温栽培：9月中旬至10月上旬播种、春节上市的，可采用大棚覆盖草苫保温防寒，棚内温度以白天20～25℃为宜，超过30℃应及时通风。湿度以蒜苗叶片上没有水珠为宜。浇水是棚栽青蒜成败的关键。除播种时浇足水和收获前10天浇1次水外，其他时间一般不浇水，春节后上市的青蒜，中间可视土壤干湿情况酌情浇1次小水。

8. 收获

采收同露地栽培法，但寒冷季节要注意防止青蒜受冻。

第四节　蒜黄栽培技术

蒜黄是冬春季节上市的一种鲜嫩蔬菜，通过软化栽培或半软化栽培形成的蒜产品，其色浅黄白至金黄，具特殊香味，色泽艳丽。蒜黄可在冬春蔬菜淡季及新年、春节时供应市场，对均衡周年蔬菜供应有一定作用。蒜黄的栽培比较容易，所需设施简单，播种后20天即可收获，产值较高，故为菜农所喜种植。

一、棚式栽培法

1. 生产季节

蒜黄生长期短，对温度适应范围广，在12～30℃条件下均能生长。因此，秋、冬、春三季都可在大田、保护地栽培。但萌发的种蒜温度愈高，生长愈快，故种植时应根据生产季节、外界气温变化，合理安排种植场所以调节蒜黄生长的小气候。一般8～9月高温季节生产，最好选择户外遮荫处或室内阴凉通风场所；冬季或早春外界气温低，种植地应选择向阳背风保暖处所或设施内以维持较高温度。

2. 品种选择

蒜黄生长所需营养主要来自大蒜蒜头，因此，种蒜必须选用鳞茎大的优良蒜品种。同时注意选择生长壮实、肥大、无病虫害、无机械损伤的蒜头作种。夏末秋初早期生产时，还应注意选用休眠期短的品种。

3. 设施

蒜黄是利用大蒜鳞茎在黑暗条件下进行软化栽培。因此，生产

蒜黄一定要遮光。大田生产先按常规方法做好宽 1 米的种植畦，然后用木桩或竹竿在畦上做成高 50～60 厘米的小型棚架，架上覆盖黑色薄膜或草苫以遮光。覆盖物以黑色薄膜为好，既可遮光又可防雨，但保护地或室内生产则可用草苫等各种不透光的材料覆盖遮光。家庭零星种植可就地取材，利用各种废旧材料遮光，盆栽还可以利用废旧水桶反扣于种植盆上，既简便又实用。

4. 整地施肥

蒜苗栽培的施肥一是要施足基肥，基肥可结合整地，亩施腐熟圈肥 4000～5000 千克，或人畜粪 2500～3000 千克，或施农家肥 5000 千克，加碳酸氢铵 15～20 千克，过磷酸钙 50 千克作基肥施入。将床土耙平后覆土 3～4 厘米。

5. 种蒜处理

大蒜鳞茎有一定的休眠期，为了打破休眠，促进发芽，播种前要进行处理。方法是剥除鳞茎的外皮、基部茎盘以及蒜瓣的部分或全部蒜皮，以利水分吸收和气体交换。此外，播种前还应用清水浸种一昼夜，使种蒜育分吸水，加速发芽。

6. 播种

蒜黄可在 10 月上旬到翌年 3 月下旬连续不断地播种和收获。从种至收获，在适温条件下为 20～25 天。可根据上市期确定播种期。

蒜黄播种可挖 30～40 厘米深、宽1. 2～1. 5 米的栽培床。播种前，把选出的蒜头，用清水浸泡 24 小时，使吸足水分后去掉蒜盘踵部，将蒜头一个挨一个地排在床内，尽量不留空隙，空隙处亦用散瓣填严。一般每平方米用蒜种 15～20 千克。播后上面覆盖细沙 3～4 厘米，用木板拍实压平，再浇足水。水渗下后，上再覆一层细沙 1～2

厘米。

7. 田间管理

(1) 温度管理：播种后至出土前，利用保护地的覆盖措施尽量提高栽培床温度，白天保持 25℃，夜温不能低于 18～20℃。如有条件，夜温略高于日温更好。出苗后至苗高 10 厘米时，为使苗粗壮，白天可降低温度至 20℃，夜温 16～18℃。苗高 20～25 厘米时，通风量还应加大，白天保持 18～20℃，夜温 14～16℃，以促进蒜苗粗壮、高产、改善品质。收割前 4～5 天，尽量大通风，白天保持 10～15℃，夜间 10～15℃，防止秧苗徒长倒伏。

(2) 水肥管理：浇水要根据土壤含水量和蒜苗长势灵活掌握。由于蒜苗生长以消耗自身营养为主，水分不宜过大，以防烂根。一般浇 3 水，第一次在栽蒜后，浇大水；第二次是在蒜苗出齐长到 10 厘米时，每平方米浇施 20 克尿素水，以后每隔 7 天喷施一次 300 倍的磷酸二铵水溶液，每次叶面施肥后，都要用清水冲洗叶面，以免发生肥害；第三次在收割前 3～4 天浇水。注意每次浇水量要依次减少，水量适当。如发现蒜苗尖端卷曲、叶发黄，则表明缺水，要局部补水，但水量不要太大。为了增加蒜苗的蒜白长度，提高质量和减少水分蒸发，在浇水后，可分次培土 2～3 次，厚 3～7 厘米，培土应选取过筛和日晒的细沙土。

(3) 通风：栽培床内有时积聚有大量二氧化碳或保护地加温时放出的一氧化碳等有害气体。在中午温度高时，应放风换气。出于保温需要，一般不必过多的通风。

(4) 揭苫：蒜黄栽培期间一般不揭开草苫透光，但如果发现蒜黄呈雪白色，可在收割的前几天中午揭开草苫，通过短时间的光照改变蒜黄的色泽和品质。

8. 收获

播种 20～25 天，蒜黄高 25～30 厘米时，是收获适宜时期的标志。收割蒜黄最好选在早晨气温低、空气湿度大的时间进行。收割时要从畦面的一端开始，畦上架一块木板，收割者蹲在木板上作业，边割边移动木板，防止踩坏蒜头，影响下一茬生长。

收割时刀要快，下刀不宜过深，以贴地皮割为宜，不可割伤蒜瓣。割后不要立即浇水，防止刀口感染，但要用钉耙耧平畦面。3～4 天后浇水，促进第二茬生长。约过 20 天后可收第二刀。收第三刀时连瓣拔起。第一刀，每千克蒜种可产蒜黄 0.7～0.8 千克，第二刀 0.4～0.5 千克。

收割后的蒜黄要抖掉细沙，再用稻草捆成小把上市。

二、水畦式栽培法

利用井水调控温度进行蒜黄栽培简单易行，利用沟地、河滩或庭院均可栽培，用工少、效益高。从每年 10 月份开始到次年 3 月份结束，一般能生产蒜黄 5～7 茬。

1. 畦址的选择

选择背风向阳、排灌方便、距水井较近或地下水位较浅的沟地、河滩地或庭院。

2. 建畦

水畦一般呈长方形，畦宽 2.0～2.5 米，长以不超过 15 米为宜，畦周围用空心砖、石块等砌成宽 40 厘米、高 55 厘米的畦框，畦框两头的中间基部各预留 10 厘米见方的进水孔和出水孔。进水孔应略高于畦面，出水孔略低于畦面。为充分利用水源，建畦时可 3～4 畦首尾相连，共用同一水源。建好畦框后，畦内起土 10 厘米厚，底部夯实后，填入过筛细沙整平。畦四周紧靠畦框做成深 2 厘米、宽 5 厘米左右的浅沟作为分水沟。畦面做好后，从进水孔放水入畦，检查水能否在分水沟和畦面均匀、缓慢地流动。

3. 品种选择

蒜黄水畦式栽培最好选用休眠期短、蒜头较大的白皮大蒜。播种前再选择个大、紧实、无病斑、无损伤、无冻害的新鲜蒜头。

4. 种蒜处理

将新鲜蒜头用 30～50℃温水浸泡 24 小时，捞出晾至半干，挖去老茎盘和残存的蒜薹，但注意保持蒜头完整。

5. 播种方法及播种量

播种前在分水沟斜盖瓦片。播种时将蒜密排在湿沙上，空隙处用散蒜瓣填满、填紧。蒜头顶部要平齐。播种量每平方米 17. 5 千克。

6. 播后管理

（1）遮光软化：播种后在畦框上覆盖塑料薄膜，其上密排 20 厘米厚的玉米秸，进行遮光和保温。

（2）水分管理：采用电泵抽取井水，通过井水在畦内的流动散热保持温度和水分，并通过控制放水时间控制蒜黄上市期。因此，水分管理是蒜黄水畦式栽培的关键措施。一般播种后 7 天不放水，以防冲乱蒜种。7 天左右扎住根后，放水入畦，让水在分水沟、畦面均匀缓慢流动，水量大小以不超过蒜头的一半为宜。水分管理应结合外界温度高低控制放水时间：外界温度高时（夜温不低于－5℃），一般隔 1 天放 1 次水，且只在夜间放水；外界温度较低（夜温低于－5℃或昼温低于 0℃）时，全天都应放水。

（3）温度管理：蒜黄生长的适温为 12～25℃，温度低，生长

慢，温度高，易腐烂。因此，应根据蒜黄生长的时间，结合外界温度，采取合理措施，调节畦内温度。在当年10月种植第一茬时，畦内气温高于水温，易造成蒜黄徒长、细长，降低产量和品质。为防止这一现象，白天可在玉米秸上洒水，水量以塑料薄膜上微有积水为宜。11月以后，气温低于水温，应加强保温，不再洒水。

7. 采收

播种后15～25天，蒜黄长到25～30厘米时，即可收割。为提高产量和效益，一般只收割一刀。收割后起出蒜头，将畦内表层沙取出，运至向阳处摊晒以备再用。同时整修床面，撒铺新沙，即可播种下茬。2月份生产最后一茬时，可收割2刀。在收割第一刀时，注意不要切伤蒜瓣，割完后放水即可。收割后的蒜黄趁中午光强时晒约半小时，待变成金黄色时，即可捆装上市。

三、棚室多层架床栽培法

在温室或塑料大棚内采用多层架床栽培蒜苗，既可满足蔬菜供应，又能大大提高土地利用率，获得可观的经济收益。

1. 棚室栽培时间

架床栽培最早于10月中旬栽蒜，一般从11月上旬到翌年的2月末均可栽培。

2. 温室的选用

用于蒜黄多层架床栽培的温室，与一般日光温室基本相同。温室的南坡面用塑料膜覆盖，夜间覆盖草苫子。每200平方米的温室可设加温火炉2个，烟道用铁烟筒做成或垒一道火墙。

3. 搭设架床

架床用木料、秸秆、塑料膜、铁丝和红砖等搭设。棚室一般前后低中间高，前后部分搭设 2 层架床，中间部分搭设 3 层。

第一层床架距温室地面 10 厘米。用单块砖砌几道 6～7 厘米宽的隔墙，墙间距为 1. 2～1. 6 米。然后用木杆搭成 1～3 米宽，长度不限的床架，木杆间距视木杆粗细而定，一般以 20～30 厘米间距为宜。第二层床架在距第一层床面 80～100 厘米高处用木杆绑成 80～90 厘米宽的床。第三层床架在距第二层床架 60 厘米高处用木杆绑架框，床宽 80～90 厘米。架绑好后，在每层架床上铺 1 层 6 厘米厚的稻草，稻草上铺 1 层塑料薄膜，膜上盖 5～6 厘米厚的细沙土，将土拍实。在搭设架床过程中，木杆一定要埋牢绑结实，以免在蒜苗生长期间浇水溻落。

4. 蒜种的选择

选用瓣大瓣多、产量高、休眠期短、出苗和生长快的品种。

5. 种蒜处理

用较大的容器装蒜，然后用 30～50℃的温水浸泡蒜种 30 小时左右，使蒜头吸水膨胀。湿透后捞出沥水，再挖茎盘。

6. 栽培管理

（1）摆蒜压沙：每平方米摆蒜 15 千克左右。蒜头摆得越紧密越好，蒜头空隙用散蒜瓣填充。蒜摆完后盖上 3 厘米厚的细沙土，然后拍实。

（2）水分管理：用温度不低于 15℃的水浇淋蒜苗。栽培后至生长前期浇大水，苗高 15 厘米左右的中期浇一次水，收割前 3～4 天的生长后期浇小水。具体浇水次数要视架床上的土壤干湿情况而定。

（3）温度管理：要经常清洁薄膜面，以提高薄膜的透光性，获得较多的光照。齐苗前，白天为 24～26℃，夜间 20～22℃；齐苗

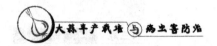

后，白天 22～24℃，夜间 18～22℃；苗高 15 厘米左右，白天 16～
22℃，夜间 16～18℃；收割时，白天 18℃，夜间 12℃。

7. 适时收割

当蒜黄长到 25～30 厘米高时，应及时收割。架床蒜黄从栽蒜
到收割第一刀约 20 天。头刀收割后，待苗刀口处愈合长出新苗再
浇水。过 20 天后，蒜黄长到 30 厘米左右高时，收割第二刀。如此
循环管理与采收，可连续采收 3～4 茬。

四、酿热通气温床栽培法

采用酿热通气温床生产蒜黄，具有节省能源，产热快，温度高
且平稳，易控制，管理方便，简单易行的特点。酿热通气温床，是
在酿热温床的基础上改进而成，它是在酿热物的内部增设了通气
道、内通气孔来控制和调节床内温度。1 月份白天床内土壤温度可
达 50℃，夜间最低温度在 10℃以上，为快速高效生产蒜黄创造了
有利条件。1～2 月份最少生产 4 茬蒜黄，经济效益十分显著。

1. 酿热通气温床的建造

床址要选择背风、向阳、有水源的地方。采用东西床向，以便
接受光能和防御寒风。一般床宽在 1. 5 米左右，床长视生产规模
而定。建床时取床内土，在床北边建成宽 30 厘米，高 40～50 厘米
的墙；床南边建成宽 30 厘米，高 10～20 厘米的墙；床的东西两端
各建成宽 30 厘米，与向北墙相连接、高呈自然斜坡的墙体。再在
床北墙外，挖一条深 30 厘米的风障沟，用玉米秸或芦苇扎制风障，
在距地 1 米处扎腰拦，下部用土埋严培实，并高于北墙 10 厘米。
风障与温床的夹角呈 75°。温床下挖 50～60 厘米，底面要平整，在
床底挖上口宽 10 厘米，深 10 厘米的"V"型通气道或通气沟。床

内的通气沟，纵横分布均匀，横向 3 条，纵向 10 米 1 条。床内北边离床壁 10 厘米处挖沟；床内南边离床壁 5 厘米左右挖通气沟；东西两端离床壁 7~8 厘米处挖沟。温床东西两头各设通气口 1 个，引出床外，并砌成 0.5 米的高度。

通气道挖好后，在床底铺 1 层玉米秸或棉秆，并在上面铺 1 层废旧的编织袋。此时，在床中间的部位，用瓦向上砌通气口，略高于温床土壤，其数量一般 10 米左右 1 个。然后在床内填酿热物。酿热物为 70% 的新鲜骡马粪，30% 的麦秸草或其他作物秸秆粉碎物。每米床长施 2.5% 的敌百虫粉 5~8 克。充分混合均匀后，用水拌湿填入床内踏实。上部再铺 7 厘米左右厚的细土，每平方米洒水 25~30 千克。填充酿热物的厚度，应视生产蒜黄茬数而定，茬数多，则厚一些。若 12 月份建床可铺 30~33 厘米厚，1 月份可铺 20~25 厘米厚。最后用黑色塑料膜盖严，早晚或阴冷天加盖草苫防寒，通气口要昼夜打开，以提高床温，准备生产蒜黄。

2. 蒜种的选择与排列

应选择紫皮蒜为佳。要求蒜瓣饱满，无病、无虫眼、无腐烂现象。将大蒜用编织袋装好，用 1% 的石灰水浸泡 24 小时，可起到灭菌，提高出苗速度的作用。待温床温度提升后，按每平方米 45 千克蒜头的数量，紧密地排列在床内，然后用细沙填灌蒜头孔隙，喷适量 30℃ 左右的温水，覆盖后即可进入生产阶段。

3. 温床管理

在管理过程中，蒜黄的第 1 茬生产，一般不缺水分，若发现床内水分不足时，可喷 30℃ 左右的温水补充。床内温度的调控，可通过床外东西两端的通气口开或关、大小来控制。要求温度条件同一般蒜黄生产。另一茬蒜黄生产时，应清除废蒜头、蒜根后，重新安

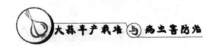

排生产。但是，要用 30℃ 左右的温水补足水分，以防床温急剧降低，而影响生产速度。

覆盖支撑架应坚固，分布均匀，以防下垂。覆盖时，应做到保温、保湿、不透光，薄膜选用黑色的，膜要压严，充分利用太阳光能提温，早晚或阴冷天气加盖草苫，防御风寒，以保证蒜黄的正常快速生产。

4. 收获

蒜黄一般生长到 25～30 厘米时，即可收获上市。在蒜头或蒜瓣质量已定，水分满足的前提条件下，蒜黄生产周期的长短，主要取决于床内温度。如床温在 16～18℃ 时，一般 15 天收获上市。床温越高，蒜黄生长速度越快，上市的时间就越早。

五、无土栽培法

蒜黄如能调控好温度用木箱进行无土栽培生产，可不受季节限制，栽培技术简单，效益较好。

1. 品种选择

选择早、中熟的高产优质大蒜良种或地方良种。

2. 场地选择

选择空气流畅，遮光较好的房舍做生产场地。

3. 木箱准备

一般用轻质的木板制成育苗箱，苗箱长宽高为 60 厘米×25 厘米×30 厘米，要求箱底平整，有排水孔和通气孔。

4. 浸种

将蒜根发褐、肉色发黄的蒜瓣和病残蒜头剔除后，用清水浸泡蒜种 12 小时，使其吸收足够的水分后即可。

5. 播种

播种前将苗箱洗干净，箱底铺一层报纸后再撒上薄薄的一层洁净河沙做栽培基质。将浸好的蒜头紧密地排在箱内沙面上，空隙处用蒜瓣填满，随后喷水，一般每平方米木箱播干蒜头 15 千克左右。播种完后箱面上铺盖草帘，保持栽培室内黑暗即可。

6. 管理

栽培室内温度保持在 25～27℃，每天喷水 2～3 次，经常通风。出苗后温度降至 18～22℃。采收前 4～5 天，室温保持在 10～15℃为宜。

7. 收割

正常栽培环境下，从播种至采收约需 20～25 天，当蒜黄苗长到 25～30 厘米时即可收割。第一次收割后及时喷水保湿保温管理，一般 15～20 天后可再次收割。无土栽培法一般只能收割 2～3 次。

第五节　独头蒜栽培技术

通常为提高商品蒜头的产量和品质，要尽量减少独头蒜的数量，但近年来独头蒜作为一种特色商品，在市场上颇受消费者欢迎，价格也比较高。南方的大蒜品种大多蒜头小，蒜瓣也小，北方也有一些蒜瓣多而小的白皮大蒜，如果利用它们生产独头蒜，则可变废为宝。独头蒜可以加工成糖醋蒜，如湖北荆州、沙市生产的甜酸独头蒜，颗粒圆整，质地清脆，甜酸爽口，风味独特，成为畅销国内外及东南亚各国的传统名优商品，所用原料就是利用白皮大蒜中的小蒜瓣作蒜种培育而成。所以，掌握独头蒜的栽培技术，也是提高大蒜经济效益的途径之一。

生产实践证明，播种过迟是产生独头蒜的主要原因。此外，早熟品种、蒜瓣较小、土壤贫瘠、基肥不足、干旱缺水、草荒严重、密度过大、叶数太少、鳞芽分化所需温度及光照条件得不到满足等，均会导致产生独头蒜。

1. 整地

独蒜栽培中应选择沙土或沙壤土，忌连作。前茬作物收获后应及早清洁田园，深翻晾晒、熟化土壤。然后按每亩施入腐熟的有机肥 2500～3000 千克（或厩肥 4500～5000 千克，也可用人粪尿 500～750 千克）、过磷酸钙 50 千克、硫酸钾 10 千克。精细整地，做成宽 1～1.4 米左右的平畦，做到肥匀畦平土细，即可播种。

2. 品种选择

生产独头蒜所用的种瓣必须是小瓣蒜，所以一般多从蒜瓣较多而蒜瓣较小的大蒜品种中选择。但是，同为小瓣蒜而大蒜品种不同时，所得独头蒜的百分率和单头重有明显的差异，从而影响独头蒜的产量和质量。因此在从事独头蒜生产前，应进行品种比较试验，筛选出适宜在当地种植的、独头率高、单头重较大的品种。据报道，二水早、彭县早熟、温江红七星等早熟大蒜品种，采用重 0.5～1 克的蒜瓣作种瓣时，独头率可达 76%～92%，单头重 4～6 克。

3. 蒜种挑选

生产独头蒜的种瓣大小，关系到独头蒜的产量和质量。选用大小适宜的蒜瓣作种蒜，才能获得高的独头率和大小适中的独头蒜。如果种瓣太大，则会生产 2～3 个蒜瓣的小头蒜，使独头率降低；如果种瓣太小，则生产的独头蒜太小，丧失商品价值。一般要求独头蒜的单头重达到 5～8 克，一般生产上采用重 0.5～1.5 克以下的蒜瓣作种蒜。每亩用种量一般为 140～180 千克。

4. 播种期

独头蒜的适宜播期必须在当地做分期播种试验才能确定。播早了，蒜苗的营养生长期长，积累的养分较多，易产生有 2～3 个蒜瓣的小蒜头；播晚了，独头蒜太小。秋播地区一般较蒜头栽培推迟 50～60 天左右播种。

5. 播前处理

播种前把蒜种先进行分瓣处理，然后按大、中、小分级待用。播前用清凉水浸泡 6～12 小时，沥干，用 50% 多菌灵粉剂拌种处理，可杀灭种子表面可能携带的病菌。多菌灵用量为浸泡种子重量的 0.2%～0.3%，然后即可播种。

6. 播种

种植户可以根据实际情况选择不同的播种方式。

(1) 点播法：按 4 厘米×5 厘米的株行距，在畦面上用木桩点孔，深度应掌握在 4～6 厘米为宜。放入一瓣大蒜，根部向下。点完后畦面上盖 1 厘米厚的细土。点播法每亩约栽 8 万～9 万苗。

(2) 条播法：播种时先按 15 厘米行距开沟，沟深约 6 厘米，然后按株距 3～4 厘米播种瓣，注意蒜瓣不能倒置，随即覆厚 3～4 厘米土。条播法每亩约栽 6 万～7 万苗。

全畦播完后，均匀撒播小型叶菜，如菠菜、芫荽、樱桃萝卜等种子，播后耙平畦面。如土壤干燥，播完种后浇灌 1 次齐苗水。混播小型叶菜种子的目的是利用小型叶菜发芽出苗快的特性，抑制蒜苗的旺盛生长，达到提高独蒜率的目的。

播种后大蒜出苗前 3～4 天内，按每亩用 25% 绿麦隆 250 毫升稀释到 500 倍喷雾除草。或每亩用 300 克扑草净喷雾。施药后用山草、绿肥、蒿子或稻草等覆盖，有利于保墒保湿，还可抑制杂草的

生长。

7. 田间管理

（1）小型叶菜收获：小型叶菜出苗后分期间苗，最后将小型叶菜全部收获上市。

（2）追肥：独蒜在不同生育时期，需要不同种类的肥源，总体来说，生长前期侧重于氮肥，后期则倾向于磷、钾肥。在施足底肥的基础上，还要进行适期追肥。

①提苗肥：幼苗长出 4～5 片叶时，种瓣中的养分消耗殆尽，植株转向于从土壤中摄取养分。若营养供应量不足，常出现短期的"黄尖"或"干尖"现象。应及时按每亩 10～15 千克的尿素进行追肥并随同浇水灌水。

②蒜头膨大肥：植株叶片出现 7～9 叶时，不分化花芽的独头蒜开始膨大。能抽薹的瓣蒜完成花芽分化并伸长生长，侧芽开始膨大。可按每亩 12～20 千克硫酸钾追施，并加大灌水量以促使蒜头迅速膨大。注意控制氮素肥料施用。

③叶面施肥：结合植株长势，以适当浓度的磷酸二氢钾、大蒜专用多元微肥、大蒜膨大素等进行叶面喷施。

（3）浇水：在蒜头膨大期间要保证水分的充足供应。

8. 采收

秋播地区在第二年 5 月上旬当假茎变软、下部叶片大部干枯后及时挖蒜。收早了，独头蒜不充实；收迟了，蒜皮变硬，不易加工。加工用的独头蒜，挖出后及时剪除假茎及须根，运送到加工厂，要防止日晒、雨淋。作为鲜蒜上市出售的，挖蒜后要在阳光下晾晒 2～3 天，防止霉烂。一般亩产 300 千克左右，高产者可达 500 千克。

第六节　巨型大蒜栽培技术

巨型大蒜茎秆粗壮，叶片宽厚，叶片长达 1 米，蒜薹挺拔壮观，重达 0.35 千克，蒜头由 3～4 层蒜瓣密集成球型，最大个重 1.5 千克以上，被誉为当今国内蒜中之王。其食味与药用价值一点也不比普通大蒜逊色。炒食蒜苗一株一碟，取苗加工省时省力。一般亩产蒜薹 1000 千克，蒜头 5000 千克，经济效益十分可观，大有发展前途。其适应范围广，不择土地，凡可以种植普通大蒜的地区都可以种植。

1. 整地

选择日照好、土层厚的肥沃土壤，深翻耙平然后开沟施肥，施肥沟宽 35 厘米，深 30 厘米，行距 50 厘米。每亩施三元复合肥 30～40 千克、优质农家肥 3500～5000 千克、优质饼肥 150～250 千克。将肥施于沟中，加土拌匀、填平。

2. 播种期

巨型大蒜比普通大蒜生长周期长，需要早栽晚收。每年农历 7 月份开始播种，第二年的端午节以后收获。

3. 播前处理

播前先去掉蒜瓣底部的木质茎基，再将蒜瓣放于清水中浸泡 24 小时。

4. 播种

在施肥沟的中间开一深 6 厘米的播种沟，灌水后播种，每窝放 1 瓣蒜种，株距 30 厘米，播后覆土将沟盖平。亩用蒜种 100 千克左右。

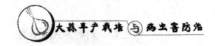

5. 田间管理

（1）浇水：出苗前每隔 5 天左右浇 1 次水，以保持土壤湿润，利于出苗。齐苗后浅锄 1 遍，以后看情况适当浇水。

（2）分苗：巨型大蒜因蒜瓣较大，有极少量蒜瓣是由 2 个蒜瓣合并在一起的；还有些蒜内含有 2 个或多个芽胚，这样便出现了播后一瓣生双株或多株的现象。可用齐头刀在合并株中间竖直向下切开，留下 1 株，将多余株挖出，另行移栽。分苗移栽可在播种 30 天以后进行。

（3）越冬管理：入冬后，北方寒带地区要加盖稻草、玉米秆等防寒。最好在下面加一层羊、牛、马粪，然后再盖草。这样既可防寒，又增加了土壤肥力。

（4）追肥：开春后及时结合浇水进行追肥，并做好田间杂草的清除工作。浇水后浅锄，可以提高地温，加速大蒜生长。

6. 采收

巨型大蒜不宜收获过早，以免影响产量和质量，以在叶片变黄时收获为宜。收后及时晒干，存放通风干燥处，以备留种或食用。

第七节　富硒大蒜栽培技术

大蒜具有许多对人体有益的生理作用，经常食用大蒜，能够提高人体免疫力，防止多种疾病。大蒜的这些生理作用，与其含有较多的硒有关。因此，如何进一步提高大蒜的含硒量，对于提高大蒜的食疗价值有重要的意义，同时也对提高大蒜的附加值，增加大蒜的出口，为农民增收都具有显著的意义。

生产富硒大蒜常用的施硒方法主要有浸种、土壤施硒和叶面喷施三种方法。大蒜单独浸种总硒含量可提高到 3 毫克/千克；单独土壤施硒大蒜总硒含量可以提高到 12 毫克/千克；在采收前 1 个月单独喷施硒酸钠或亚硒酸钠，大蒜硒的总含量可提高到 15 毫克/千克。若三者结合，可更多地提高大蒜的硒含量。

1. 整地

整地同其他栽培方法。但富硒大蒜播种前，每亩需施用硒酸钠或亚硒酸钠 13 克（可以到化工商店或化学试剂商店购买），结合其他基肥，均匀施在播种沟内（一定要均匀）。

2. 品种选择

同其他栽培方法。

3. 播前处理

蒜种用 100 毫克/千克的硒酸钠溶液，在播种前浸种 12 小时。

4. 播种

同其他栽培方法。

5. 田间管理

富硒大蒜的田间管理除与其他露地栽培的管理相同外，还要在采收前 1 个月进行叶面喷硒处理。

在采收前 1 个月，将硒酸钠或亚硒酸钠配成 100 毫克/千克的浓度，均匀喷洒在大蒜叶面。喷施时硒的使用量要控制准确，过多将产生毒害作用，过少则起不到富硒的作用；喷施也一定要均匀；喷施选择晴天上午 9 时以前，下午 5 时以后使用，喷后遇雨应补喷。

6. 采收

同其他栽培方法。

第八节　大蒜间作套种技术

为了提高土地利用率，增加收益，近年来，许多科研工作者和种植者创造了许多行之有效的间作套种方式和方法。归纳起来有蒜、粮套种，蒜、棉套种，蒜、菜套种等多种方式。

一、蒜、粮套种

1. 大蒜、玉米套种模式

（1）套种方式：77厘米为一个种植带，每带内种大蒜3行、玉米1行。大蒜行距20厘米，株距10厘米；玉米株距50厘米，一穴双株。

（2）整地施肥：选择地势较高、有机质含量丰富、肥沃的沙壤土种植。选择地块时不要与大葱、大蒜、洋葱、韭菜等百合科蔬菜连作，种植过葱、韭、蒜的田块，必须间隔3年以上方可种植大蒜。前茬选择以粮食作物、油菜、豆类、瓜类、番茄、土豆茬为最好。前茬作物收获后立即耕翻20厘米左右，翻后晒垡15天以上。播种前结合耕地亩施腐熟农家肥2000～2500千克，熟饼肥75～100千克，大蒜专用肥50～60千克，充分拌匀，浇足底墒水，为播种大蒜做好准备。

（3）选用优种：大蒜选用适合本地区的优良品种，种蒜播种前选晴好天气用50％多菌灵500倍液浸种10～12小时，捞出晾干后播种；玉米选用晋单36、农大108、掖单13、中单2号等品种。

（4）适期播种：大蒜宜在3月上旬栽种，玉米应比大田播种推迟20天左右。这样就使两种作物生长旺盛期错开，减少共生期的争水争肥矛盾。

(5) 田间管理：大蒜做好三水一肥的管理。第一次在大蒜 4 叶期，结合浇水亩追硫酸铵 20～30 千克或尿素 15 千克。第二次浇水在 8 叶期进行，促使蒜薹迅速抽出。在蒜薹抽出 20 厘米时浇第三水，促使蒜头迅速膨大。如肥力不足，应结合第三水再追适量速效化肥。玉米在 5 叶期前后定苗。5 月中旬大蒜抽薹时，结合浇水亩施尿素 20 千克、硫酸钾 15 千克或三元复合肥 40 千克。6 月上旬及时采收蒜薹，6 月中旬大蒜进入蒜瓣膨大期，亩追尿素 5 千克、硫酸钾 5 千克，浇 1 次水。大蒜叶片大多干枯，植株处于柔软状态，假茎不易折断时收获蒜头。

大蒜收获后，要加强玉米的田间管理，每亩追碳酸氢铵 60～75 千克，肥水齐攻，以增加穗粒重和粒数。并视土壤墒情浇好拔节、孕穗和灌浆水。同时中耕除草，防治病虫害。

2. 小麦、大蒜套种模式

(1) 套种方式：小麦播种时，每播 48 行（5.6 米）小麦，留一个套播行，预留宽度为 2 米（种植大蒜 8 行），大蒜在套种行内播种，株行距 10 厘米×20 厘米。

(2) 整地施肥：选择土壤肥沃，地势平坦，排灌方便的适宜大蒜生长的地块。整地时亩施农家肥 1500～2500 千克，三元复合肥 20 千克，硫酸钾 5 千克，混合撒匀一次性耕翻入土。

(3) 选用优种：大蒜要选市场前景好，早熟，高产的优良品种；小麦要选抗倒伏，抗病，产量高，适宜本地生长的优良品种。

(4) 适期播种：大蒜栽植时期在 9 月下旬至 10 月上旬，北方可覆盖地膜，或在大蒜栽完后用玉米秆覆盖，南方一般不用覆盖。小麦播种时期为 10 月下旬至 11 月上旬，采用小麦播种器或点播

均可。

（5）田间管理：蒜栽完后，浇一次栽蒜水，封冻前浇好越冬水，此时基肥不足的地块可结合浇水亩追施尿素或三元复合肥 5～10 千克，结合小麦返青水亩追尿素 10～15 千克，硫酸钾 5 千克。小麦浇水 3～5 次。第二年 5 月中旬收获鲜蒜，6 月上旬收获小麦。

3. 大蒜、大豆套种模式

（1）套种方式：大蒜套种大豆，是将大蒜栽植在垄台上，大豆播种在垄沟里。

（2）整地施肥：选用土壤肥沃，有灌溉条件的沙质土壤。前茬以马铃薯、玉米、南瓜或茄果类为好，忌选葱蒜类、豆类作物为前茬。

整地时要深耕、细耙、耙耱前均亩施腐熟的优质农家肥 2000 千克。耙耱后及时起垄镇压保墒，垄距 60 厘米。起垄时每亩深施三元复合肥 8 千克。

（3）选用优种：大蒜按当地生态条件类型及市场需求，因地制宜地选择成熟期适宜、高产、优质、抗逆性强的优良品种；大豆应选用中早熟的品种，如垦农 18、黑农 35、辽豆 9 号、吉豆 3 号等。

大蒜播种前经人工掰蒜，选用无病、无伤的大粒蒜瓣做蒜种；大豆种子经粒选，剔除病粒、残粒、虫食粒及杂物。

（4）适期播种：大蒜一般在 4 月 5 日至 10 日，当地土壤 10 厘米处地温稳定在 3℃以上时，掌握墒情适时在垄上 2.5～3 厘米等距单行栽种，栽植深度 3～4 厘米。

套种的大豆在 5 月末至 6 月初（早播大豆与大蒜共生期延长，对大蒜生长不利，而晚播大豆生育期缩短而影响大豆产量），掌握墒情适时地在蒜地垄沟内单行播种，播深 3 厘米，亩用种量 4～5

千克。在大豆播种时，开沟把化肥深施于种下 12 厘米处，一般亩施农家肥 1000 千克、磷酸二铵 10 千克，还可增施钾肥。大蒜、大豆要随播（栽）种随覆土随镇压。出苗后要及时间苗。

（5）田间管理

①为提高地温、蓄水保墒、消灭杂草，增强土壤微生物的活动，促进作物健壮成长，大蒜做到 2 铲 1 趟，苗齐后应及时深松垄沟，在 5 月中旬，除净蒜苗根中的杂草；大豆也要做到 2 铲 1 趟，7月下旬起蒜后及时起垄培土保墒，在草籽形成前拔 1 遍大草。

②大蒜退母期、蒜薹生长期及鳞茎膨大期，若遇天旱应及早灌水，并浇足灌透，结合浇水亩施尿素 15 千克。为促进大豆早熟，提质增产，在大豆初花期和鼓粒期叶面喷施 1% 的尿素溶液及 0.3% 的磷酸二氢钾水溶液。

③为使两茬作物均获得较高产量，在 7 月上旬，当大蒜底层叶出现 3 片以上黄叶时应及时采收。大蒜收获以后，要加强大豆田间管理及时防治病虫害。

4. 大蒜、花生套种模式

（1）套种方式：有两种栽培模式。

①三垄蒜—垄花生模式（"三·一"式）：大蒜行距为大、小行，大行距 20 厘米，小行距 17.5 厘米，株距 8～9 厘米，每畦 3垄蒜。花生种在大行内（畦背），行距 55 厘米，穴距 15 厘米（调角种植），此模式适宜高产田块。

②大畦等行距模式（"二·一"式）：大蒜行距均为 20 厘米，每 2 垄蒜种 1 垄花生，株距 8～9 厘米，每畦 6 垄蒜，花生行距为40 厘米，株距 16～17 厘米，每畦 3 垄蒜，此模式适宜一般田块。

（2）整地施肥：由于花生是在大蒜生长期种植，不能施基肥，

因此，在大蒜整地时，要重施基肥，特别要多施有机肥，以满足大蒜、花生生长需求，一般亩施土杂肥 5000 千克、碳酸氢铵 50～60 千克（或尿素 50 千克）、钙镁磷肥 40～50 千克、硫酸钾 35～50 千克，有机肥、氮肥要随犁深施，磷、钾肥要随耙浅施，以充分发挥其肥效。蒜田耕翻后，要耙细耙匀。

（3）选用优种：蒜种要选高产中熟品种；花生应选适应性广，增产潜力大，抗病、中熟的大花生品种。

选种时大蒜要选头大、瓣齐、无霉烂、破损的蒜头，进行掰瓣，剔除过小、霉烂蒜瓣。花生要选纯度高，籽仁饱满的荚果，经 2～3 天的晒果后，进行剥壳，选择色正、饱满的果仁做种。

（4）适期播种：大蒜最佳播期为 10 月上旬，此时按栽种模式，开 3 厘米深的沟播种，覆土制畦。开沟要深浅一致，栽瓣方向一致，覆土厚度一致，畦宽度一致，畦面平整一致。第二年 4 月底至 5 月初套种花生，这时大蒜开始抽薹，离收获还有月余，正是花生出苗及幼苗期，二者生长互不影响。此期按栽种模式在套种行内播种花生，每穴 2 粒。随播随覆土，播种时要注意保护大蒜，不要碰断蒜株及叶片。

（5）大蒜田间管理

①苗期管理：大蒜苗期为 10 月初至第二年 3 月初，管理主要方向是保证壮苗及安全越冬。因此，大蒜播后要马上浇出苗水，出苗后要勤浇水勤划锄，使土壤始终保持湿润疏松，促进根系生长，以达到壮苗标准。到大雪前浇足越冬水，露地蒜盖稻草或有机肥，以保证大蒜安全越冬。第二年春天，应及时浇水，并两水一划锄，促进大蒜返青生长。大蒜返青后，结合浇水划锄，亩追尿素 15 千克、土杂肥 1000～2000 千克，以满足大蒜后期生长需要。

②共生期管理：从蒜薹分化到提薹为共生期。此期管理一是前期浇水，以水调肥，促进薹瓣分化。后期（收薹前7天）控水划锄，以利提薹。二是防治叶枯病。

③蒜头膨大盛期管理：提薹到收获为蒜头膨大盛期。主要管理措施是提薹后浇透水，待地面见干见湿时划锄松土，划锄时，注意不要伤及花生幼苗，同时要用0.3%尿素三元素复合肥混合液进行叶面施肥，以延缓叶片衰老，增加光合作用，促进蒜头生长。

（6）花生田间管理

①清棵蹲苗：大蒜提薹后，套种的花生已基本齐苗，应结合大蒜划锄，把花生基部的土扒开，清棵蹲苗，以促进第一对侧枝早生健发，避免产生地下花，提高结实率，减少烂果数。

②中耕追肥：大蒜收获后，要马上深中耕，除去杂草，疏松土壤，并结合中耕每亩追尿素10～15千克、磷酸二铵10千克（或细土杂肥1000千克）以促进花生生长。

③培土迎针：在盛花后期，植株封垄前，用大锄深锄猛拉，冲堡培土，迎接果针入土结实。

④防病治虫：花生生长中期，易发生叶斑病、锈病等病害，可用多菌灵、波尔多液、百菌清、代森锰锌等农药交替喷施防治。结荚期如发现蛴螬为害，要用辛硫磷1000倍液灌穴。

⑤控制徒长：如发现植株高超过45厘米，叶片嫩绿，要及时喷施15%多效唑1000倍液，以调节营养生长与生殖生长的比例，抑制徒长，确保群体稳健生长。

⑥浇水保叶：在花生生长后期，遇到干旱应浇小水，以养根保叶，同时用0.3%尿素溶液，隔7～10天喷洒叶片2～3遍，以延长叶片光合作用时间，提高荚果饱满度。

（7）采收：当大蒜底层叶出现 3 片以上黄叶时应及时采收。大蒜收获以后，要加强花生田间管理，直至花生采收。

5. 大蒜、小麦、玉米、花生套种模式

（1）**套种方式：**每一间作套种带宽 1. 3 米，种植 3 行小麦，小麦行距 20 厘米。90 厘米空幅种植 4 行大蒜，行距 20 厘米。玉米小行距 30 厘米，大行距 100 厘米。花生按 30 厘米×18 厘米行株距播种。

（2）**选用优种：**小麦选早熟、矮秆、耐肥、抗倒伏的高产品种；大蒜选择早熟、优质、抗病品种；花生选择高产、早中熟、抗逆性强的直立型品种。

（3）**播种及田间管理**

①小麦：前茬作物收获后，每亩施有机肥 2000 千克，尿素 25 千克，过磷酸钙 50 千克，硫酸钾 10 千克，耕翻整地后播种小麦。第二年小麦返青后追施拔节孕穗肥，每亩施尿素 10 千克。适时防治病虫草害。6 月上旬收获小麦。

②大蒜：9 月下旬播种。播后喷施除草剂，覆盖地膜，出苗时人工辅助出苗。春季适时浇好"膨大水"，追施"膨大肥"，每亩施尿素 20 千克。后期喷施蒜叶青防治病害。第二年 5 月中旬收获鲜蒜头上市。

③花生：大蒜收获后种植花生。先在蒜茬地内每亩施有机肥 1500 千克，过磷酸钙 20 千克，尿素 5 千克，硫酸钾 10 千克，整地，点播，每穴 2 粒。播后整平垄面，喷施除草剂后覆盖地膜，花生出苗后人工辅助破膜。在花生初花期喷施多效唑进行化控，后期叶面喷肥防早衰，及时防治花生青枯病、锈病、蚜虫、蛴螬等病虫害。9 月中旬收获花生。

④玉米：6月上旬收麦后抢墒（或抗旱）点播2行玉米，确保全苗。玉米出苗后灭茬松土，适时间苗定苗。根据玉米长势追施苗肥，促进平衡生长，每亩施碳铵60千克、过磷酸钙50千克、硫酸钾20千克。穗肥于播后40天每亩施碳铵80千克，墒情差时适当灌溉。及时防治叶斑病、玉米螟。9月中旬收获玉米。

6. 大蒜、玉米、芫荽套种模式

（1）套种方式：大蒜地里套种玉米选用1米带型，即大蒜占2/3、玉米占1/3，大蒜共播种4行。玉米实行双行种植。芫荽在玉米的宽行里撒播。

（2）整地施肥：播前结合整地亩施腐熟农家肥4000千克，磷酸二铵30千克，尿素10千克，硫酸钾20千克。结合整地用40%辛硫磷0.5千克/亩与细沙土按1∶40比例拌匀进行土壤处理，以防根蛆发生。将地面整细整平。

（3）选用优种：大蒜选用蒜瓣个大、味香辛辣、产量较高的品种，播前用50%的甲基托布津按蒜瓣重量的1%均匀拌种；玉米选用高产品种；芫荽选用棵大、冬性强、质地柔嫩、品质好的大叶香菜。

（4）适期播种：大蒜在8月10日至25日播种，首先在田块间隔80厘米作畦，畦面高10厘米，然后在畦面按行距18厘米，株距6厘米，挖穴点播，点种深度为5厘米，覆土3厘米，离膜2厘米，以防出苗烫伤幼苗，然后顺畦面覆膜，将两边拉紧压实，防止被风吹起，亩用种量130～150千克。

玉米在第二年4月下旬至5月上旬开始播种，播种时每穴点2粒以防缺苗，随后覆土，每亩用种量1千克左右。

芫荽在9月中旬至下旬开始播种，播种时首先清除田间病株杂

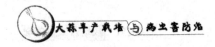

草，在大蒜幅带施磷酸二铵 10～15 千克，作底肥耕翻，此后结合玉米追肥浇 1 次水。7～10 天待土壤表皮变干（9 月 25 日左右）开始播种，播前先将种子放在盆里进行催芽，一般 10 天后种子即可露白，然后按行距 6 厘米开沟条播，随后覆细沙，沟深 1 厘米，播种量 1 千克。

（5）田间管理

①大蒜播种后，一般 30 天左右要注意放苗出膜，放苗时及时除去杂草，并用湿土封严放苗孔。退母后，幼苗开始独立生长，花芽和鳞芽开始分化，蒜薹抽生和蒜瓣生长同时并进，植株进入旺盛生长期，此时对水肥的需求量明显增加，抽薹期与鳞茎膨大期，要经常保持地面湿润，不能缺水，应间隔 10 天浇 1 次水，同时在两个生育期间结合浇水，叶面各喷施 1%磷酸二氢钾 1 次，以促进蒜薹的伸长和蒜头的膨大。大蒜收获前 7 天停止浇水，避免过湿造成蒜头的腐烂，影响蒜头的出售及贮藏。

②玉米播种后 10～15 天开始出苗，3～5 片叶时间苗、定苗，每穴去弱苗留一壮苗，缺苗处及时移栽补苗。同时进行人工除草及中耕，此后在玉米株间打眼穴施尿素 7. 5～10 千克，并及时浇水。大蒜收获后及时追肥，追施尿素 15～20 千克，均需打眼穴施，打眼位置与第一次错开。玉米花期结束后开始灌浆时摘除株顶的雄花穗，玉米果穗只留上部 2 穗，其余均要摘去，以集中灌浆的养分。

③叶枯病是大蒜生长期的主要病害。在发病初期可用 70%代森锰锌 500 倍液喷施，隔 7 天再喷施 1 次；玉米生长期间主要是钻心虫的危害，防治适期可用 2. 5%敌杀死 15 毫升/亩兑水 30 千克喷雾。

④一般于 7 月中旬，当大蒜叶片枯黄、叶茎松软时，为采收蒜

头的适宜时期，采收后及时晾晒存贮；玉米青棒于9月上旬开始采收上市。

⑤当芫荽幼苗长至3～4厘米时，要及时间苗，株距4厘米为宜。前期由于气温高，叶面积小，田间蒸发快，需5天浇1次小水；后期随着幼苗的生长，应逐渐减少浇水次数，加大浇水量，尤其在收获前，幼苗生长快，要保证充足的水分供应。同时结合浇水施尿素5～8千克追肥1～2次。芫荽整个生长期间，特别要注意做好除草，防止草荒。当芫荽苗长至8～10厘米，随着气温的下降，生长速度缓慢，应及时采收上市。

二、蒜、棉套种

1. 大蒜、棉花套种模式

（1）套种方式：140厘米为1个种植带，秋种4行大蒜，行距20厘米，预留棉行宽40厘米，春种（移栽）1行棉花。

（2）选用优种：大蒜选用苍山大蒜、金乡蒜等；棉花选用抗虫棉品种99B、冀棉25、冀668、中棉所29号、中棉所38号、鲁棉研15号、鲁棉研16号等。

（3）大蒜栽培及田间管理

①精选蒜种：播前3～5天掰瓣，去掉茎盘、茎踵，选瓣大洁白、无伤口、无病斑，顶芽壮的做种。

②整地施肥：选择土壤肥沃、水源条件好、3年内没种过葱蒜类作物的地块，亩施腐熟有机肥4000～5000千克，尿素15～20千克，磷酸二铵20～25千克，硫酸钾30～40千克，深耕细耙后做畦。畦全宽140厘米，其中高畦宽110厘米，沟宽30厘米。

③适期播种：10月上旬，日平均气温17℃左右，5厘米地温

18～19℃时播种。播种时在畦面上播种 4 行大蒜，行距 20 厘米，株距 9 厘米。按计划行距在畦面上开沟，再根据计划株距在沟内点播，注意使蒜瓣的背腹连线与沟向平行，播深 6～7 厘米，蒜瓣上方覆土 3～4 厘米；覆土后耧平畦面，覆盖地膜（地膜宽 120 厘米，厚 0. 006 毫米）。要求扯紧膜边，使地膜紧贴地面。播种覆膜后立即浇水，以充分湿透畦面。4～5 天后再浇 1 次水，发现没能穿破地膜的蒜苗，应人工破孔放苗，放苗孔宜小。11 月上旬浇 1 次促苗水，11 月下旬浇越冬水。第二年 3 月下旬，蒜苗烂母前浇 1 次水。4 月上旬后开始 7 天左右浇 1 次水。如有病害发生，及时施药防治。

（4）棉花栽培及田间管理

①育苗技术：第二年 3 月中旬，选择便于移栽的地方建苗床。苗床宽 90 厘米，长 10～15 厘米，深 20 厘米，铲平床底。用 80％沃土与 20％腐熟粪肥充分掺匀配制营养土。选用直径 7 厘米、高 10 厘米的塑料钵，边装钵土，边排钵。排钵后晒 5 天以上，促进营养土的养分转化。3 月 25 日至 31 日选晴天播种。先充分洒水，让钵土喝足水分，再点播种子，每钵播 2 粒棉籽，然后覆土 2～2. 5 厘米。播种结束后搭弓形棚架，覆盖棚膜。棚膜选用宽 120 厘米的普通塑料农膜。播种至出苗，闭棚升温。齐苗后，选微风晴天中午揭开棚膜间苗松土，下午重新盖好棚膜。出苗至 1 叶期，中午通风降温，夜间闭棚保温。2～3 叶期，日夜通风。3 叶期后拆除拱棚。苗床缺水时，应于中午洒水。

②蒜棉共生期管理：5 月中旬，在预留棉行开沟，带钵土套栽棉苗。棉花等行距 140 厘米，株距 28 厘米，每亩定植 1700 株。套栽棉花后立即浇水，后 4～6 天浇 1 次水。大蒜提薹前 4～5 天停止浇水，提薹后 5～6 天浇 1 次水，蒜头收获前 7 天停止浇水。大蒜

露苞前揭除地膜，清除杂草。抽薹前 1～2 天浅锄松土。

根据简化栽培的要求，棉花不打叶枝，不抹赘芽。6 月下旬，每株摘除 6～8 个早蕾，把棉花的开花期推迟到 7 月 10 日前后，促进棉花在最佳结铃期（7 月 10 日至 8 月 20 日）集中多结优质大桃。

蒜薹一旦成熟，须及时收获。下部叶大都干枯，上部叶片叶尖下垂，蒜株处于柔软状态时，为蒜头收获适期。

大蒜收获后，拾净残留的地膜，立即培土。培土时，要求埋住植株主茎地上部分 7～10 厘米，以防止棉花倒伏。结合培土，每亩追施尿素 10 千克，磷酸二铵 20 千克，硫酸钾 10 千克。7 月 20 日前后，每亩再追施尿素 10～15 千克。8 月上中旬，再进行 2～3 次根外追肥，喷施叶面肥。追肥培土后 2～3 天，顺沟浇水，肥水齐促，促使棉花健壮生长。7、8 两个月份，棉田显旱时立即浇水。9 月上中旬遇秋旱时，应隔行浇小水。夏季大雨过后，应立即排除棉田积水。如遇连阴降雨，应打开排水口，做到边下雨，边排水，防止发生泥涝现象。

7 月中旬，叶枝上出现 5～6 个果枝时即打掉顶心。套栽的棉花行距大，密度小，在开花前不宜进行化控。棉花开花后长势过旺时，每亩用缩节胺 2～2.5 克，兑水 30～50 千克喷洒枝叶予以控制。7 月下旬，棉花打顶前后，每亩再喷施缩节胺 2～2.5 克。

二代棉铃虫发生期间，抗虫杂交棉一般不需施药防治。在棉铃虫大发生年份，百株 2 龄以上幼虫达成 10～15 头时应及时施药防治。三代棉铃虫发生期间，应结合防治伏蚜和红蜘蛛施药 2～3 次兼治。

2. 大蒜、西瓜、棉花套种模式

（1）套种方式：畦面宽 3 米，沟宽 0.4 米，大蒜全畦播种 16

行，行距 20 厘米，株距 5～7 厘米。春节前后，于畦中央起 1 米宽的青蒜上市，腾出西瓜种植带，西瓜栽 1 行，株距 40～60 厘米，5 月中旬收获大蒜后，在畦边大蒜带上各栽 2 行棉花，行距 80 厘米，株距 30 厘米。

（2）整地施肥：播种前结合耕地一次性施足基肥，一般每亩施腐熟的优质土杂肥 3500～4000 千克，饼肥 50 千克，三元复合肥 75～100 千克或磷酸二铵 25 千克，氯化钾 15 千克。

（3）选用优种：大蒜选用适宜当地栽培的优良品种，西瓜选择早熟优良品种，棉花选用抗虫棉等优良品种。

（4）种植及田间管理

①大蒜：8 月下旬至 9 月上旬播种，播种前选种、晒种、药剂浸种催芽。播后喷施除草剂后覆膜，出苗时人工辅助破土出苗，11 月中旬结合浇水施 1 次提苗肥，每亩施尿素 20 千克或腐熟的人畜粪 1500～2000 千克，同时，还要注意大蒜叶枯病、软腐病、蒜蛆等病虫害防治。

②西瓜：4 月中下旬定植，栽植前半个月，在预留行内翻土晒垡，清除杂草，每亩深施优质土杂肥 1500 千克，三元复合肥 30 千克，腐熟饼肥 50 千克。栽后立即浇好定根水，覆膜放苗，精心管理；合理排灌，适时施肥，中耕松土，科学整枝压蔓，防治病虫害。

③棉花：棉花 5 月上中旬移栽，移栽后要平衡施肥，施足基肥，增施磷钾肥，适施发棵肥，重施花铃肥，普施盖顶肥，增施长桃肥；中耕除草，清沟沥水防渍害；及时整枝打杈，调节生长；棉花苗期重点防治以玉米螟、蚜虫、红蜘蛛为主的害虫，花铃期防治好三、四代棉铃虫及斜纹夜蛾等害虫。注意在瓜棉共生期内，严禁

使用剧毒农药，选用高效低毒农药或改进用药方法，减少农药对西瓜的污染。

三、蒜、菜套种

1. 大蒜、辣椒套种模式

（1）套种方式：大蒜畦宽 60～80 厘米，每畦种植 4 行大蒜，株距 7～10 厘米，两畦间留畦埂宽 20～25 厘米，高 15 厘米，既当作畦埂又是辣椒的套种行。辣椒套栽于两畦间的畦埂上，形成辣椒行距 80～100 厘米，墩距 30 厘米的套种模式。

（2）整地施肥：整地时要亩施农家肥 5000～7500 千克，三元复合肥 100～125 千克，硫酸钾 25～30 千克，碳酸氢铵 100 千克，混合撒匀一次性耕翻入土。

（3）选用优种：大蒜选用适宜当地栽培的优良品种，辣椒选用果型细长、味特辣、抗高温易越夏、较耐涝、抗逆性强的品种。

（4）适期播种

①大蒜适栽期为 9 月下旬至 10 月 5 日。播种前选头大、瓣匀、无碰伤的蒜头做种。下种前 5～7 天，将选好的蒜种晾晒 2～3 天，把掰开的蒜瓣放在清水中浸泡 10～12 小时即可播种。

②辣椒于清明前后（3 月下旬至 4 月下旬）播种。下种前用 60～65℃的温水浸种 8～10 小时，然后即可播种在填好营养土的阳畦里。育苗阳畦应选在背风向阳处，建成东西长 10～15 米，南北宽 1. 5～2 米，北墙高 40～50 厘米，南边木桩高 20～25 厘米的合格阳畦。下种前要填好营养土整平畦面，浇透浇匀底墒水，待水渗下后按每平方米播干种 5～7 克，播种后上盖 1. 5～2 厘米的营养土，盖土后要撒防鼠药剂，然后搭架扣严塑料布，塑料布上盖厚 5 厘米

的草苫子，采取白天揭夜间盖。苗出齐后要视苗情看天气灵活掌握苗床的温度和湿度。至"小满"定植时苗龄要达到 60～70 天，株高 20～25 厘米，始见蕾无病虫危害。

（5）大蒜田间管理

①适时追好两肥、浇好五水：全田栽完之后要普浇 1 次栽蒜水，封冻前要浇好一遍越冬水，此时基肥不足的地块可结合浇水亩追施尿素或三元复合肥 10～15 千克，清明节前后凡未盖地膜的田块要拾净盖草，亩追尿素 10～15 千克，硫酸钾 5～10 千克，追肥过后接着浇 1 次透水，若天不降雨，隔 5～7 天可再浇 1 水。5 月上旬大蒜进入营养生长与生殖生长并进期，也是大蒜需肥水的高峰期，此时要及时浇水，以水促薹。凡不盖地膜的地块，每次浇水后要趁墒情适宜进行划锄，划锄既可消灭垄间杂草，又可松土保墒。

②注意防治病虫害。

③适时拔薹收蒜：第二年 5 月中下旬拔薹，6 月下旬收蒜头。在拔薹前 3～5 天停止浇水，并要选晴天的中午前后进行拔薹，切忌拔掉旗叶影响蒜头继续膨大。一般在拔薹后 12～15 天刨蒜。蒜头收获后要注意晾晒，严防雨淋霉烂。

（6）辣椒田间管理

①适期套栽，合理密植：一般于 5 月下旬拔完蒜薹之后立即套种辣椒，行距 800～100 厘米，穴距 30 厘米，每穴栽 3～4 株，亩栽2800～3000 穴。套种之后一定随浇 1 次定植水，促其早缓苗快生长。

②及时防治病虫害：发现蚜虫和棉铃虫要用 1500 倍氧化乐果进行防治，在整个生育期还要注意防治病毒病。

③适时采收辣椒：8 月 10 日可开始采收青椒，8 月 14 日辣椒

呈鲜红色即可采摘晒干。在整个生长期间只要加强田间管理和汛期不遭受涝害，可陆续分期分批采摘。严霜到来之前要整株拔下，严防冻害。

2. 大蒜、荠菜套种模式

（1）套种方式：由于荠菜植株短小，分布于蒜株底层空间，可有效地获取散射光提高群体光能利用率，因此大蒜多采用畦栽，荠菜于大蒜播后均匀撒播。

（2）整地施肥：播前宜选择地势较高、排灌方便、适宜大蒜生长的耕层深厚、肥沃疏松的沙质壤土，勿连作。每亩施腐熟饼肥100千克，优质腐熟粪肥2000千克或厩肥3000千克，过磷酸钙50千克。然后挖沟建畦，畦宽3米，整细耧平。

（3）选用优种：大蒜宜选用早熟、优质、高产、抗病品种。荠菜须选用耐寒性强、叶片肥大、叶缘缺刻浅的大叶荠菜。

（4）适期播种：通常于9月中、下旬播种大蒜。在3米宽的畦开播沟，顺向摆蒜种，行距20厘米，株距8～9厘米，需种量约150千克。播种后上覆细土或灰杂肥1～2厘米厚。荠菜于大蒜播后均匀撒播，每亩用种量0.8千克。为延长采收期，亦可分批播种。若播种时遇干旱，还须提前人工浇水造墒，播后进行覆草，出苗后揭除，浇水保湿，促进幼苗生长。

（5）田间管理：大蒜生长期间的水肥管理基本与常规生产相同。荠菜因其生长期短，加之播种密度大、根系分布浅，故生长期间须保持肥水充足。追肥以稀水粪为主，且须轻浇勤浇。当幼苗有4～5叶时，每亩用优质腐熟粪肥800千克兑水浇施；采收前追施一次叶面肥，以后每采收一次，都须用磷酸二氢钾叶面追肥。

5月上旬当蒜薹露出叶鞘10厘米，并开始弯曲时，即可选择晴天（午后）采收。待蒜薹采后 20 天，即 5 月底、6 月初当叶鞘焦黄、假茎松软时，即可抢晴天采收蒜头。荠菜通常于播后 50 天左右即可分批采收，晚秋播的荠菜因其营养生长期长，可 1 次播种、多次采收，延续供应至 3 月上旬。采收时应选用锋利斜角刀挑挖，且须坚持细采勤收、均匀间收，并尽量采大留小，以利增产增收。

3. 大蒜、马铃薯套种模式

（1）套种方式：大蒜采用全膜覆盖栽培法，马铃薯播种于大蒜埂两侧。

（2）整地施肥：宜选择土层深厚、土壤肥沃、地势平坦的地块，前茬以豆类、小麦为好，土壤要整平整细。结合整地亩施腐熟农家肥 5000 千克，尿素 20～25 千克，磷肥 50 千克，硫酸钾 7.5～10 千克。

（3）选用优种：大蒜选用适宜当地栽培的品种，选择个头大、无病斑、无伤痕、蒜瓣大小一致的蒜头留种。播前将蒜瓣分大、中、小三级，选择色正、芽肥壮的大瓣和中瓣作为蒜种。为预防大蒜根蛆的发生，用 50% 的辛硫磷乳油 100 克，兑水 5 千克，拌种 50 千克，播前随拌随播。为错开生长高峰期，套种马铃薯宜选择晚熟品种。

（4）适期播种：9 月中下旬至 10 月上旬播种大蒜，采用双垄沟全膜覆盖栽培法。按 40 厘米×70 厘米规格开沟起垄，垄高 5～10 厘米，沿小沟两侧种植 2 行蒜，小行距 10～15 厘米，株距 12 厘米，播深 3～5 厘米，点播时将蒜瓣芽朝上，瓣形同向，亩保苗 2 万株左右，亩用种蒜 100～150 千克。盖膜前用 50% 辛硫磷 800 倍液喷雾处理，然后用幅宽 120 厘米地膜覆膜，每隔 3 米压一土腰带，使膜与垄沟紧贴。苗期及时检查出苗并放苗。

马铃薯于第二年 4 月中下旬至 5 月上旬播种于大蒜埂两侧，行距 40 厘米，株距 35 厘米。

（5）田间管理

①追肥浇水：第二年 4 月，在蒜苗退母前要视墒情灌水一次，结合灌水，亩施尿素 5 千克，可避免黄尖现象发生；在退母后抽薹期再补灌一次，有利于抽薹和鳞茎膨大。

②防治病虫草：4 月下旬随着作物生长要加强病虫害防治，同时要注意防除杂草。

③采收：当蒜薹总苞变白时是收获适期，采薹宜在中午进行，此期膨压低韧性强不易折断。采薹后 20 天左右当蒜秆及叶片发黄后即可收获鲜蒜头。收获蒜头时尽量保护地膜，破损处可用土封口。

④马铃薯管理同大田。

4. 蒜、姜套种模式

（1）套种方式：采用地膜覆盖播大蒜种，东西向，畦宽 120 厘米，种 6 行，株距 10 厘米，亩播 3.7 万株。畦面种 3 行大蒜留 1 个 30 厘米宽的套种行。

（2）整地施肥：选择肥沃中等、排灌条件好的地块，每亩撒施土杂肥 5000 千克，过磷酸钙 50 千克，深耕 30 厘米，耙细整平，东西向开畦，宽 120 厘米，其中畦宽 20 厘米，畦面 100 厘米，条施三元复合肥 100 千克。

（3）选用优种：种大蒜时要选择瓣大无病的大蒜作种，淘汰夹瓣、烂瓣；套播生姜时要选择无病、无腐烂、无干缩、无损伤的姜块进行催芽，严格淘汰瘦弱、肉质褐变或呈水渍状及发软的姜块。将姜块置于温度为 22～25℃、空气相对湿度为 70%～80% 的湿沙

条件下催芽，这样可使姜芽肥壮而不徒长。

（4）适期播种：大蒜播种可在覆膜后打孔进行，也可开沟播好后覆膜，见苗后破膜引苗并用土封口。生姜采用穴播，行距60厘米，株距20厘米，亩播5500株，尽量保持深浅、株距一致，以便管理。

（5）田间管理：在施足基肥的情况下，大蒜播种后基本不用追肥，待收了蒜薹，结合浇水每亩追施尿素10千克，一肥两用，生姜长到2个分枝时，追施复合肥15～20千克，旺盛期再追施复合肥35～50千克，以满足生姜对肥料的需要。

生姜生长后期需大量水分，地面要保持见湿不见干。姜蒜怕旱又怕涝，因此也要注意排水，以防烂姜。此外，还要分次培土，中耕除草。

大蒜在春季返青后喷90%敌百虫800倍液，防治蒜蛆。对姜瘟病的防治，在实行3年以上轮作的前提下，选好良种，发现病株，及时铲除，病穴内撒生石灰消毒。发现姜螟（即钻心虫）可用50%杀虫螟松乳剂500～600倍液或80%敌敌畏乳油800倍液，也可用敌杀死、速灭杀丁1500倍液喷施防治。在姜的生长过程中，要注意防治病虫害，及时拔除杂草。10月上旬开始收获鲜姜。

5. 大蒜、芹菜套种模式

（1）套种方式：大蒜采用畦栽，在蒜畦垄台上种植芹菜。

（2）整地施肥：在早春化冻后，结合整地亩施腐熟好的优质农家肥4000千克，磷酸二铵20千克，耙细整平，并按8米×1.2米的规格做成畦，将畦搂平。

（3）选用优种：大蒜应选择丰产优质的品种，并进行选种。芹菜品种应选择当地抗性强又高产的品种。

（4）适期播种：在 3 月末按 13 厘米×10 厘米的株行距人工开沟播种，先用小尖镐开出一趟沟，深度以栽没蒜瓣为宜，栽后将垄沟覆土 1 厘米，用脚踩实，并浇足水。

在大蒜 7～8 片叶时，即 5 月末播种芹菜籽。播种时用小尖镐将蒜畦垄台内做成浅沟，撒上芹菜籽，用脚覆土以盖上种籽即可，并踩实然后浇足水。

（5）田间管理：大蒜出苗后初期生长较慢，应少浇水，当叶尖变黄"烂母"后，生长渐旺，适时追肥灌水 1～2 次，促进蒜薹与鳞茎的生长与肥大。经常保持土壤湿润。6 月 20 日左右开始抽蒜薹，抽蒜薹应适当控水，以利蒜头发育，同时也有利于芹菜的生长发育。在芹菜生长发育过程中，因其根系多分布在地表 10 厘米土层中，吸收水分养分的能力较弱，所以要保持地表湿润，并分 3 次按每亩 10 千克追施尿素（大蒜已收获）。还要进行叶面喷肥 3 次，每亩每次使用喷施宝 1 支即可。在芹菜生长发育过程中如发现蚜虫可用氧化乐果进行防治。

在 7 月中旬大蒜就可进行收获。收获时首先要将畦内浇透水，然后用手或刀将蒜拔出，以免损伤芹菜根部，大蒜收获后要将芹菜及时扶植好。因芹菜属半耐寒蔬菜，收获可适当晚收，有利于贮藏。

6. 大蒜、黄瓜、菜豆套种模式

（1）套种方式：大蒜、黄瓜、菜豆套种模式是指在地膜覆盖的大蒜行间套种秋黄瓜，收获大蒜后再种植菜豆。

（2）整地施肥：选择地势平坦、土层深厚、耕层松软、土壤肥力较高、有机质丰富、保肥保水能力较强的地块，每亩施农家肥 5000 千克以上、氮肥 40～50 千克、磷肥 30～35 千克、钾肥 40～

45 千克，一次施足基肥。然后整地作畦，畦高 8～10 厘米，畦面宽 80 厘米，畦沟宽 30 厘米。

（3）选用优种：种蒜要选择瓣大无病的大蒜做种，过小的蒜瓣不宜做种。黄瓜、菜豆选择适宜当地栽培的品种。

（4）适期播种：大蒜的播期以 10 月上旬寒露前后为宜，密度为行距 17 厘米（每畦 5 行），株距 7 厘米，平均每亩栽植 3.3 万株。开沟播种，沟深 10 厘米，播种深 6～7 厘米，播种后覆土厚 3～4 厘米，耙平畦面后浇水，覆盖 90 厘米宽的地膜。

秋黄瓜在蒜头即将收获时将有机肥施入畦沟内，然后用土拌匀、耙平。待收获蒜头后，将黄瓜种子点播于畦上，每畦 2 行，行距 70 厘米，穴距 25 厘米。每穴播 3～4 粒种子，每亩留苗 3500 株，种子需用 0.1% 的磷酸三钠溶液浸泡消毒。

菜豆在 6 月下旬于黄瓜行间作垄直播，行距 30 厘米，穴距 20 厘米，每穴播 2～3 粒种子。

（5）大蒜田间管理

①大蒜出苗时可人工破膜，扶苗露出膜外。小雪之后浇 1 次越冬水。第二年春分至 3 月底进入薹、瓣分化期，应根据墒情适时浇水。蒜薹生长中期、露苞等生育阶段需水量较大，要适时浇水，保持田间湿润。露苞前后及时揭去地膜。采薹前 7 天停止浇水，轻轻中耕松土，以利于采薹。采薹后随即浇水 1 次，过 5～6 天再浇水 1～2 次，促进蒜头生长。临近收获蒜头时，应在大蒜行间造墒，以备播种秋黄瓜。

②瓜苗有 3～4 片真叶时，每穴留苗 1 株并定苗。定苗后浅中耕 1 次，并每亩施入硫酸铵 10 千克促苗早发。定苗浇水后随即插架，畦沟边相邻的 2 行扎成"人"字架。结合绑蔓进行整枝，并适

时对主蔓进行摘心。秋黄瓜病害主要有霜霉病、炭疽病、白粉病、疫病、角斑病等，可用 25％甲霜灵 500 倍液、50％疫霜锰锌 600 倍液、75％百菌清 600 倍液、64％杀毒矾 400 倍液、77％可杀得 500 倍液等杀菌剂防治。

③菜豆定苗后浇 1 次水，然后插架，以防秧蔓互相缠绕，影响开花、结荚。结荚期需追肥 2～3 次，每次每亩施硫酸铵 15 千克。结合喷药防治病虫害，加入适量的微肥、磷酸二氢钾等，并进行叶面追肥。菜豆病害主要有根腐病、锈病、炭疽病、叶烧病等。锈病用 20％粉锈宁乳油 2000 倍液，或 65％代森锰锌 500 倍液防治；根腐病用 40％五氯硝基苯粉剂与 50％福美双，按 1∶1 比例配成混合剂，用此混合剂 1.5～2 千克拌细土 25 千克撒入湿润的种穴内；叶烧病用 1000 万单位农甲链霉素加 0.1％氯化钙溶液或大蒜素 8000 倍液喷洒；豆荚炭疽病则可用 80％炭疽福美 600 倍液或 70％甲基托布津 800 倍液防治。为便于腾茬种植大蒜，在 9 月底应将菜豆全部采收完毕。

四、蒜、瓜、棉套种

1. 大蒜、西瓜套种模式

(1) 套种方式：每一个种植带 2 米，在间作地块按 2 米间距打埂作畦，然后按 20 厘米行距在埂的一侧播种 6 行大蒜，占地 1 米，留 1 米空档（包括埂在内）。来年 4 月上旬将埂在空档内摊平，然后浇透水造墒。

(2) 整地施肥：选择土壤肥沃、水源条件好、3 年内没种过葱蒜类作物的地块，亩施腐熟有机肥 4000～5000 千克，尿素 15～20 千克，磷酸二铵 20～25 千克，硫酸钾 30～40 千克，深翻混匀耙平

后，起一龟背形垄埂，在垄埂正中开一宽 10 厘米，深 7 厘米的点播沟，以备点播西瓜。

（3）选用优种：大蒜品种可以选用宋城大蒜、苍山大蒜等，并进行选种；西瓜品种选用新红宝、西农 8 号、景丰宝等，播种前暴晒一天，在 55～60℃水中浸泡 10～15 分钟，待冷却到常温，浸种 12～18 小时后用手搓洗种子，用清水反复冲洗，然后捞出用粗布包好，置于 30℃保湿催芽。

（4）适期播种：5 月上旬前管理以大蒜为主，5 月上旬后管理以西瓜为主。

8 月底在畦面上按 20 厘米间距开沟，沟深 4～5 厘米，按 10 厘米间距摆放蒜种，而后覆土镇压。播种后覆盖地膜，顺沟灌水以增加台畦土壤湿度。

第二年 4 月中旬在预先备好的点播沟内按 50 厘米株距点播。点播时在点播穴处挖一个 3～5 厘米深的坑，坑内浇 0.5～1 千克水，水渗后点播 3～4 粒出芽种子（种子应平放），随即盖 1.5～2 厘米厚的土，覆膜保护。

（5）大蒜的田间管理：播种 10 天后幼芽陆续出土，自行顶破地膜，如有个别不出者可人工辅助出苗，此后不旱不浇。蒜瓣退母（营养用完烂掉）前应浇水施肥使幼苗健壮，大地封冻前应浇好封冻水。

适当早浇返青水，旺盛生长期应增加肥水供应。新瓣形成后可追施草木灰等钾肥，蒜薹收前适当控制浇水以顺利采收蒜薹。蒜薹收后应加强灌水，促进蒜头肥大，采收前 1 周停止浇水提高蒜头质量。

蒜薹露出出口叶 10 厘米长白苞时应及时收获，以促进蒜头迅速膨大。蒜薹收后 20～25 天左右，为蒜头收获适期。收前 2 周喷洒 0.25％青鲜素，亩用药液 50～100 千克，可以抑制蒜头萌芽，便于贮藏。

（6）西瓜的田间管理

①补苗、间苗、定苗：幼苗出土顶住薄膜时应抠破地膜，使苗露出地面，再用土封住膜孔。如有缺苗，及时补苗。苗出齐后即可间苗，每个点播穴留 2 个健壮苗，待苗长到 4 片真叶时定植。

②整枝、压蔓：整枝多采用双蔓整枝，一般是一主一侧，其余腋芽一律及时抹去。在去除腋芽的基础上再行压蔓，一般每 3～6 节压一刀，整个生育期压 4～5 刀。坐瓜前瓜秧生长旺盛，每 3～5 天就需压一次。幼瓜坐稳后，不再压蔓。

③灌水追肥：西瓜播种或定植时浇水后，一般不再浇水，待西瓜团棵后，浇 1 次苗水。西瓜开花前应控制水分，以提高坐果率。西瓜长到碗口大小时，应及时浇灌催瓜水。当西瓜大小基本长成后，要控制浇水以提高含糖量。

栽培西瓜需肥量大，除重施基肥外，团棵后亩追施饼肥 75～100 千克，西瓜开始膨大时，浇 1 次膨果肥（水：人粪尿：磷酸二氢钾＝10：1：0.2），结果后喷施 0.3％～0.5％尿素＋0.3％磷酸二氢钾混合液。

④坐果期管理：西瓜以主蔓第二、第三雌花留瓜为宜。坐瓜期间要进行人工授粉，早上 7～9 点摘下盛开雄花，去掉花冠，轻轻抹在雌花柱头上，以提高坐果率。西瓜压蔓时，遇到即将开花或已开过花的瓜胎，要及时垫瓜。在瓜坐稳后，如有瓜蔓压住果柄或果柄弯曲的，手提果柄顺直瓜胎，理顺瓜蔓。幼瓜长到碗口大小时，为使西瓜发育均匀，在瓜长成后，每隔 3～5 天，翻瓜一次。翻瓜

应在下午 3 时以后进行。翻瓜要注意顺着一个方向移动且用力均匀，防止扭断。待果长至七八成熟时（成熟前 7～8 天），把瓜竖起来，促进着色。

⑤病虫害防治：西瓜常见的病虫害有枯萎病、炭疽病、蚜虫、红蜘蛛、小地老虎等，要加强病虫害综合防治工作。

2. 大蒜、西瓜、冬菜、棉花套种模式

（1）套种方式：种植带宽 200 厘米种 7 行大蒜，预留行 80 厘米种冬菜，冬菜收获后于 4 月中旬在空行中间套种 1 行西瓜，株距 50～60 厘米，5 月中旬将棉花移栽到西瓜两侧，距西瓜 30 厘米，棉花成宽窄行，宽行距 140 厘米，窄行距 60 厘米，株距 40 厘米，每亩植棉 1600 株左右。

（2）整地施肥：秋收后及时灭茬、施肥、耕翻、整畦、备播，耕翻深度 25 厘米以上，结合耕地，亩施优质土杂肥 3000～5000 千克，氮、磷、钾三元复合肥 100 千克。亩撒毒饵 1. 5～2 千克防治地下害虫。整地作畦。

（3）选用优种：大蒜选用适宜当地环境的品种，并选择肥大、无霉、无伤的蒜瓣作种，按大小瓣分级播种；冬菜可选菠菜、黑油白菜、荠菜、豌豆苗等，西瓜可选用郑杂 7 号、抗病新久 1 号、开杂 2 号等早熟品种，棉花选择抗病、抗虫、株型较大、具有较大增产潜力的杂交一代抗虫棉品种，如中棉 29、中棉 38、鲁棉 15、湘杂棉 3 号等。

（4）适期播种：大蒜于 10 月 5 日至 15 日为宜，行距 20 厘米，株距 15 厘米，播种前用多菌灵 800 倍液浸泡 2～3 小时，捞出晾干备播，播种方法将蒜种腹背连线种植，浇透水，每亩施用乙草胺 100 克＋杀草狂 2 袋除草剂，兑水 30 千克喷雾，然后覆盖地膜。大蒜播种结束，再在预留行中均匀撒播冬菜分批间收，收后耕翻晒垡，留待西瓜移栽；西瓜 3 月中旬催芽，用小弓棚育苗，苗龄 23～30 天，待瓜苗 3～4 片真叶移栽，地膜覆盖；棉花在 4 月 10 日前后进行营养育苗，5 月中旬 4 片真叶时选晴天破膜移栽于西瓜两侧。

（5）田间管理

①水肥管理：冬菜坚持肥水结合，轻浇、勤浇，追肥用腐熟稀粪水；大蒜、蒜头膨大期结合浇水每亩追大蒜专用肥 25 千克；西瓜坐瓜后每亩施西瓜专用肥 250 千克，棉花花铃期每亩追施尿素 20 千克，8 月中旬起根外喷施 1.5％的尿素溶液，加 1％的磷酸二氢钾溶液，每 7～10 天喷 1 次，连喷 2～3 次，以防早衰，增加铃重。花铃期是棉花需水临界期，一定要保证水分的供应。

②整枝：西瓜一定要整枝、理蔓、压蔓，采用双蔓整枝，坐瓜后打掉顶尖。每株留 1 个主蔓，2 个侧蔓即可，13～15 片叶留瓜，每株留 1～2 个。棉花要及时去掉无效叶枝，8 月上旬打顶，果枝上的腋芽要随见随抹。

③化学调控：大蒜在蒜头膨大期喷施大蒜膨大剂。西瓜蔓长 70 厘米，且有旺长趋势的田块，每亩用缩节胺 90 克左右兑水 675 千克，连喷 2 次，间隔 5～7 天，缓和营养生长，促进坐瓜。棉花初花期，每亩用缩节胺 15 克轻控。打顶后 7～10 天每亩用 60～70 克缩节胺兑水 650 千克重控。10 月中旬，气温在 20℃以上，每亩用 40％乙烯利 2250～3000 毫升兑水 750 千克喷施催熟。

④综合防治病虫害：一是选用抗病虫品种，西瓜采用嫁接苗；二是增施有机肥，确保作物生长所需的养分；三是大力开展高压汞灯诱蛾人工捕捉幼虫，减少用药次数；四是选用高效低毒、低残留农药，做到一药多用，一药多效，尤其在西瓜收获前，不用剧毒高

残留农药，以减少农药对西瓜的污染。

第九节　无公害大蒜产品的控制

无公害蔬菜是指没有受有害物质污染的蔬菜，但蔬菜生长在自然环境中，一点没有污染的环境几乎是不存在的；不受微生物侵害、不进行病虫害防治、不施农药和化肥的蔬菜也几乎是不存在的。目前，公认的无公害蔬菜实际是指商品蔬菜中不含有某些规定不准含有的有毒物质或把其控制在允许的范围内，即农药残留量不超标；硝酸盐含量不超标；工业废水、废气、废渣等有害物质不超标；病原微生物等有害微生物不超标；避免环境的危害等。

一、大蒜污染的原因

1. 农药污染

大蒜产品中，农药污染最严重，也最为普遍。原因是菜农为了取得显著的防治效果，往往利用高毒农药，加大用药量等措施来进行防治病虫害，导致大蒜产品中农药的残毒量严重超标，造成了污染。

2. 化肥污染

化肥污染是种植者施肥过量引起的。当氮素化肥施用过量后，大蒜产品中硝酸盐含量往往超标，人食用后，在体内还原成亚硝酸盐造成中毒。一般磷肥中含有镉，施磷肥过量，镉也会污染蔬菜，造成人体中毒。

3. 环境污染

环境污染主要包括工业排出的废水、废气、废渣（三废）污染蔬菜和病原微生物造成的污染两大类。工业生产排出的废气，如二氧化硫、氟化氢、氯气等可直接危害大蒜的生长发育。臭氧等气体对大蒜生长发育也可起间接的危害作用。工业排出的废水中，含有多种有毒物质和重金属元素。这些废水混入灌溉水中，不仅污染了水源，也污染了土壤，导致大蒜残毒含量大。工业生产排出的废渣包括有塑料薄膜、碎玻璃、含有有毒物质、重金属元素的污染、废料等，这些废渣混入肥料中，施入土壤，也造成对大蒜生长发育直接或间接的危害，并对人体健康起一定的不良影响。

病原微生物的污染，除施用未发酵或未进行无公害化处理的有机肥、垃圾粪便中存在的有害病原体、植物残体带有病原菌造成污染外，还有未处理的工业、医药、生活污水等携带的大量病菌、寄生虫等，这些生物与大蒜接触也会造成污染。

4. 微量元素污染

在土壤中，微量元素含量分布很不均衡。我国很多地区缺乏不同的微量元素，施用微量元素肥料具有一定的增产作用。因此很多地方不进行土壤化验，而盲目全面地普施微肥或施用过量，导致土壤中微量元素过量而产生毒害。

5. 栽培方式引起的污染

在栽培制度方面，大蒜与其他作物的轮作倒茬有时也会造成污染。如利用多年种植的棉田改种大蒜，剧毒农药残留量十分高。在这种地里生产的大蒜，农药污染是避免不了的。

在保护地生产中，环境条件稳定，适于多数病虫害发生。因而，保护地中施用农药次数和量大增，导致保护地栽培出的蔬菜产品农药污染严重。

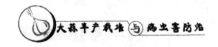

二、无公害大蒜产品的防止原则

1. 选择无污染的生态环境

进行无公害大蒜栽培必须避免工业"三废"的污染。生产地的环境是无公害蔬菜生产的基础。蔬菜地的土壤、水质等要素都应达到国家规定的标准。土壤控制的标准是：镉≤0.31毫克/千克；汞≤0.50毫克/千克；铬≤200毫克/千克；砷≤30毫克/千克；铅＜300毫克/千克。水质控制标准是：pH值为5.5＜pH＜8.5；总汞＜0.01毫克/升；总镉＜0.005毫克/升；总铅＜0.1毫克/升；总砷＜0.05毫克/升；铬（六价）＜0.1毫克/升；氟化物＜3毫克/升；氯化物＜250毫克/升；氰化物＜0.5毫克/升。大气不被工业废气污染等。为了达到上述要求，大蒜生产地必须远离污染环境的工矿业，至少其水源的上游，空气的上风头没有污染环境的工矿业单位。无公害大蒜生产地应远离公路40米以上，避免或减轻汽车废气的污染。

在施用肥料时，尽量不用工业废渣。用生活垃圾作肥料时，应进行无害化处理。连年施用剧毒农药、农药残毒量大的棉田，不宜作无公害大蒜栽培。个别地区的生产地里含有天然有害物质，如含有重金属元素超标等，也不宜选作大蒜生产基地。

生产田里如果有轻微的工业"三废"污染，或农药污染等，应加以改良。可通过连续施用微生物发酵肥料或充分腐熟的有机肥，改善土壤pH值，使一些重金属元素与土壤螯合，减轻危害后，方可进行无公害大蒜栽培。

进行选择无公害大蒜生产基地首先是了解过去的环境情况，掌握目前周围的环境状态，最后通过化验分析，才能确定。

2. 防止生产性污染

生产性蔬菜污染主要是指农药和施肥不当引起的大蒜污染。要防止这类污染，必须严格按照各级有关部门制定的生产操作规程进行生产。

(1) 无污染、无公害防治病虫害：目前大蒜病虫害的防治措施仍以化学药剂防治为主。绝大多数药剂对人、畜是有害的。因此，对大蒜进行低污染、微公害防治，一是摸清各种大蒜病虫害发生规律，力求在最佳时间施药，在最佳时间防治；二是对大蒜的重点病虫害的防治要根据其栽培特点，适时、科学地防治其病虫害；三是从播种到收获的全过程中，就品种、播期、田间管理、采收、病虫害防治等采取综合的技术措施。

①农业防治：农业防治是利用农业栽培技术来防治病虫害的发生与危害的方法。一是积极引进、培育和推广优良品种；二是调节播种期，减少施药次数，减轻大蒜污染；三是播前进行种子处理，可消灭种子携带的病菌，促进发芽或提高种子的抗逆性，使幼苗生长健壮，增强抗病力；四是利用作物间抗病虫力的不同，和病虫害种类不同，合理间作、套种、轮作，可以减轻病虫害的发生。有的土传病害，如大蒜菌核病，通过轮作可以杜绝其发生；五是深耕、冬耕；六是合理密植，以改善通风透光条件，防止某些病虫害的发生。保护地加强通风可降低空气湿度，防治多种真菌和细菌病害的发生蔓延；七是清洁田园，加强水肥管理，可减少田间病虫害生物密度，提高植株抗性。

②科学用药：一是根据农药的防治范围和对象对症下药，防止污染；二是适时用药；三是浓度适宜，次数适当；四是正确的施药方法；五是合理混用，提高药效；六是交替施用，提高防效；七是安全用药。

③生物防治：生物防治是利用有益的生物消灭有害的生物的病虫害防治措施。生物防治包括以虫治虫、以菌治虫，以病毒治虫、

以菌治菌、以病毒治病毒等。目前生物农药很多，如 B．t 乳剂、浏阳霉素乳油、农抗 120 等。这些农药有一定的杀虫、杀菌力，且基本不污染环境。以虫治虫的例子如用丽蚜小蜂、赤眼蜂等防治温室白粉虱、菜青虫等。这些益虫也不污染蔬菜和环境。

④物理防治：利用光、温、器具等进行防治病虫害的措施称为物理防治。如在温室、大棚中利用 23～28℃ 的高温防止灰霉病；利用银灰色薄膜避蚜；利用黑光灯诱杀害虫；利用纱网栽培避蚜防病毒；夏季闭棚高温进行土壤消毒等。物理防治法防治蔬菜病虫有一定效果，且不污染环境。

（2）改进施肥技术：一是要施用腐熟的有机肥料，不要施用有毒的工业废渣、生活垃圾等；二是根据土壤中拥有的营养成分基础，了解大蒜生长发育所需的营养元素量，再合理适当地补充有机肥和化肥。近年来提倡施用长效碳铵、控制缓释肥料、根瘤菌肥、惠满丰、促丰宝等高科技化肥。

3．加强贮运管理，减少流通中的污染

大蒜收获后，要经过运输、贮藏、装卸等多道环节，这些环节中，任何的不良环境都会污染大蒜。因此，在贮运过程中也要严格选择低毒、低残留的农药；按照规定的浓度和用量；避免环境、包装用具等污染大蒜。

第十节　大蒜生长发育障碍及其防止

大蒜生产中存在的问题很多，有的属于生理异常现象，有的属于栽培技术不当；有的带普遍性，有的则是在少数地区、少数年份发生。其中发生最普遍、对大蒜生产影响最大的问题是二次生长、裂头散瓣、抽薹不良以及种性退化等。

一、二次生长

大蒜二次生长是蒜头收获前蒜瓣就萌发生长的异常现象。发生二次生长的蒜头形成畸形，蒜瓣排列错乱，而且易松散脱落，影响销售。在我国秋播蒜区和春播蒜区，大蒜二次生长现象相当普遍，发生严重的年份，有些蒜区二次生长发生株率高达80％以上。

1. 大蒜二次生长类型

根据二次生长发生的部位，可分为外层型、内层型、气生鳞茎型三种类型，有时单一发生，有时在同一植株上会出现两种类型混合发生的情况。

（1）外层型二次生长：在蒜头的外围着生一些排列错乱的蒜瓣或小蒜头，使整个蒜头成为畸形。

（2）内层型二次生长：正常分化的鳞芽进入休眠后，鳞芽外围的保护叶继续生长，从植株的叶鞘口伸出，形成多个分枝。有的分枝发育成正常的蒜瓣，有的分枝发育成分瓣蒜，其中有少数分瓣蒜还形成花薹。轻度的内层型二次生长对蒜头的外形影响不大，发生严重时，蒜薹变短，薹重降低，蒜瓣排列松散，蒜头上部易开裂，所形成的分瓣蒜外观酷似一个肥大的正常蒜瓣，常被选作蒜种，但播种后由一个种瓣中长出2株至多株蒜苗，从而影响所生蒜头的产量和质量。

（3）气生鳞茎型二次生长：蒜薹总苞中的气生鳞茎延迟进入休眠而继续生长成小植株，甚至抽生细小的蒜薹。发生气生鳞茎型二次生长的植株，常使蒜薹丧失商品价值，但对蒜头的影响不大。

2. 发生的原因

据资料介绍，与大蒜二次生长有关的影响因素有以下8个方面：

（1）与品种有关：大蒜二次生长类型及发生的严重程度与品种遗传性有关。

（2）蒜种贮藏期间的温度和湿度：大蒜在低温（0～5℃）和冷凉（14～16℃）条件下外层型和内层型二次生长均大幅度增加。春播地区蒜头收获后要贮藏到第二年3～4月份播种，为了使蒜头不致受冻，贮藏场所的最低温度多控制在0℃左右，在长达7～8个月的贮藏期间以及早春露地播种后的一段时间，都具备诱发二次生长的低温和冷凉条件。蒜种贮藏场所除温度对二次生长有影响外，空气相对湿度也有影响，而且温度与空气相对湿度之间有互作用关系。

（3）播种期：播种期与二次生长的关系因品种、蒜种休眠程度、蒜种贮藏环境、播种后出苗快慢以及土壤湿度的不同而异，而且播种期早晚对同品种不同的二次生长类型的影响也不相同。

（4）蒜瓣大小：蒜瓣大小与二次生长间的关系，因播种前蒜种贮藏条件和种植密度不同而有不同。在室温下贮藏的蒜种，大蒜瓣比小蒜瓣易发生外层型二次生长，而蒜瓣大小对内层型二次生长的发生没有显著影响。种植密度对外层型二次生长的发生没有显著影响，但对内层型二次生长的影响很显著。

（5）灌水：灌水时期和灌水量对大蒜二次生长的发生有重要影响。全生育期，特别是鳞芽分化以后，灌水次数多，每次的灌水量又大，土壤相对含水量为80％～95％时，对外层型二次生长和内层型二次生长的发生都有促进作用。土壤相对含水量为50％时，外层型二次生长和内层型二次生长都不发生，但蒜薹和蒜头产量降低。

（6）施肥：在施用有机肥作底肥的基础上，氮肥的施用量大，二次生长株率增高。

（7）覆盖栽培：大蒜覆盖栽培有两种方式，一种是地膜覆盖栽培；另一种是塑料拱棚覆盖栽培。生产实践证明，大蒜地膜覆盖栽培有增产增收的效果，但有时会出现二次生长增多，蒜头形状不整齐，蒜瓣数增多，蒜薹短缩、发育不正常等现象，究其原因是与地膜覆盖后土壤温、湿度及养分的变化有关。

（8）气候：大蒜二次生长发生的程度，在不同年份往往有很大的差异。

此外，大蒜在花芽和鳞芽分化期地上部或地下部受到损伤，对二次生长有促进作用。

3. 防止的途径

（1）大蒜引种：在引进外地品种时，在了解其丰产性和商品性的同时，还应了解其二次生长情况，尽量选择不易发生二次生长，特别是不易发生外层型二次生长的品种。引进后最好进行以防止二次生长特别是外层型二次生长为主要目的的品种试验。

（2）蒜种贮藏及播期选择：为了减少二次生长的发生，在蒜种贮藏期间贮藏场所应保持 20℃ 以上的温度和 75％ 以下的空气相对湿度。不可盲目提早播种，尤其是不可为了促进播种后快出苗而将蒜种进行低温处理。应根据不同大蒜品种二次生长的特点，经过不同年份的田间试验，确定适宜播种期范围。

（3）合理密植：根据不同品种的二次生长特性、不同的生产目的，选择大小适宜的蒜瓣播种，并采用适宜的种植密度。

（4）合理施肥：基肥采用有机肥和氮磷钾复合肥。用速效性氮肥追肥时，忌多次多量施用，特别是返青期要少施或不施速效性氮肥。全生育期特别是花芽鳞芽分化期不要多次大量灌水。

二、复瓣蒜

复瓣蒜是指在鳞茎的侧芽形成蒜瓣以后，再次发芽又形成次一

级的蒜瓣。第二次形成的蒜瓣一般很小，同时整个鳞茎分为几个蒜头，发生几个蒜薹，市场价值很低。

1. 发生的原因

复瓣蒜的产生主要是因为秋季播种过早，植株和所形成的小鳞芽遇到越冬前一段时间的低温所致。

2. 防止的途径

防止复瓣蒜的措施是适期秋播。

三、裂头散瓣

正常的蒜头的数个鳞芽上尖均紧贴蒜中轴，如果鳞芽尖向外开张，蒜瓣分裂，外皮裂开，这种现象称为散头，影响商品价值。

1. 发生的原因

（1）品种特性：有的品种，蒜头的外皮薄而脆，很容易破碎。

（2）地下水位高，土质黏重：在地下水位高、土质黏重的地块种植大蒜，由于排水不良，土壤湿度大，叶鞘的地下部分容易腐烂，造成裂头散瓣。

（3）播种期过早或过晚，都会造成裂头散瓣。

（4）田间管理措施不当：中耕、灌水、追肥不当都会引起裂头散瓣。

（5）采收时期及方法不当：过早抽取蒜薹或抽蒜薹时蒜薹从基部断裂，造成蒜头中间空虚，也容易散瓣。

（6）蒜头收获后遇连阴雨：蒜头收获后遇连阴雨无法晒干时，如果堆放在室内，茎盘易霉烂，造成散瓣。

2. 防止的途径

（1）尽量避免选用易散头的品种。

（2）地下水位高，土质黏重的地方可采用高畦栽培或选择地下水位较低的壤土或沙质壤土栽培。

（3）适期播种，花芽分化有较多的叶片，可以较好地保护蒜头。

（4）植株生长期间要避免多次大量施用速效性氮肥，防止由于发生二次生长而造成的裂头散瓣。已发生二次生长的植株要适当提早收获，否则易裂头散瓣。

（5）收获前应根据土壤墒情和天气情况，适当控制灌水，并做好开沟排水工作，降低土壤湿度。

（6）除了要掌握蒜头成熟期标准外，蒜头收获后应及时将根剪去，则残留在茎盘上的根凌在干燥过程中呈米黄色，而且坚实紧密，对茎盘起保护作用。

四、独头蒜

独头蒜是指蒜头不分瓣，整个蒜头只是一个球形的蒜瓣的蒜头。独头蒜虽然蒜瓣大，但蒜头小，产量低，且没有蒜薹。但独头蒜有出口优势，因为其蒜瓣大，剥食方便，目前，在我国的四川、湖南等地方还专门生产独头蒜用于出口贸易。

1. 发生的原因

独头蒜的形成不是品种的原因，许多品种都可以形成独头蒜，但用独头蒜以后，会形成多瓣蒜，而不能再产生独头蒜。

（1）春播时间太晚，气温较高，不能满足植株通过春化阶段所需的低温及时间。未通过春化阶段的植株不能进行花芽、鳞芽的分化。于是，营养芽在长日照下形成独头蒜。

（2）种蒜瓣太小，或是气生鳞茎，由于营养不足，未能进行花芽鳞芽分化而形成独头蒜。

（3）在幼苗生长过程中，肥水不足或叶子有病虫危害，致使鳞

茎形成开始时期生长量小。

2. 防止的途径

防止出现独头蒜的方法是选择大蒜瓣作蒜种，适期播种，加强水肥管理，注意防治病虫害，使植株积累充足的养分。

五、面包蒜

大蒜收获后，经日晒，鳞芽中数层肥厚的鳞片开始脱水成为膜状，整个鳞茎用手捏时感觉松软，似捏面包，群众形象地称之为"面包蒜"，既无商品价值，又无食用价值。

1. 发生的原因

面包蒜是由于大蒜鳞芽分化异常而未能膨大成蒜瓣的畸形鳞茎，基肥中氮、磷和钾配比不合理，尤其是钾肥过少，磷肥相对过多及追施氮肥时期过早、量过大是形成面包蒜的主要原因。

2. 防止的途径

防止面包蒜的措施是重视使用钾肥，氮、磷、钾配比合理及适期、适量追施氮肥。

六、跳蒜

大蒜播种后，蒜母被顶出地面，常因干旱而死的现象，称为跳蒜。跳蒜会造成死苗、断垄，影响产量。

1. 发生的原因

跳蒜发生的原因是栽培地翻耕太浅，水分不足，使土壤下层坚硬，而且播种又浅，致使蒜发根时，蒜根把蒜母顶出地面。近年来，拖拉机旋耕作业有工作方便、灵巧，适于在狭小的地区翻耕等长处，但旋耕犁的翻地深度一般不超过 10 厘米，远远达不到大蒜根系发育的要求，因而跳蒜现象越来越严重。

2. 防止的途径

防止跳蒜的措施是创造下松上紧的土壤条件，在整地时深翻细耙，播种时再浅翻一次，覆土后及时镇压，使土壤上硬下软，下松上实，但覆土不可过厚。如果是垄作，可采用厚覆土并及时镇压的方法，以后通过中耕松土，可把较厚的土锄到沟里。秋播的大蒜除采用精细整地、覆土镇压的方法外，播种以后要浇水，以利于大蒜根系下扎。

七、抽薹不良

大蒜的抽薹性主要取决于品种的遗传性，有完全抽薹、不完全抽薹及不抽薹品种之分。但有时原来是完全抽薹的品种，却出现大量不抽薹或不完全抽薹的植株。

1. 发生的原因

贮藏期间已解除休眠的蒜瓣，如果感受低温的时间不足，就遇到高温和长日照条件，花芽和鳞芽不能正常分化，就会产生不抽薹或不完全抽薹的植株，而且蒜头变小，蒜瓣数减少，瓣重减轻。秋播地区将低温反应敏感型品种或低温反应中间型品种放在春季播种时，也会出现抽薹不良。

2. 防止的途径

引种时应了解品种的抽薹习性及原产区的纬度和海拔高。

八、6～7 月发芽困难

1. 发生的原因

大蒜在适宜温、湿度条件下，播后 1 周便生根发芽。6～7 月播种的大蒜因高温、干旱等不利条件及蒜瓣自身的休眠影响，发芽时间超过 15～30 天。

2. 防止的途径

播种前 15～20 天选择优质蒜头，分瓣并依大小分级，挑选中小瓣蒜用作青蒜栽培，剥除部分蒜皮和蒜盘，浸水 1～2 天，捞出用河沙堆放于阴凉通风处催芽，待大部分蒜瓣露根后播种，播种后浇透水，用稻草或麦秆覆盖保墒防晒。也可搭 1 米高平棚或利用大中棚骨架，覆盖遮阳网栽培青蒜。

九、叶片发黄

1. 发生的原因

（1）每亩施化肥在 150 千克以上，积水溶液浓度过大，造成烧根影响吸收。

（2）耕作层太浅，用拖拉机旋耕犁翻地深度在 10 厘米以内，土壤下层板结，下雨或浇水后，水渗不下去，在地表积存，致使黏土中的化肥不能及时渗透到地下层去，在大蒜根系附近溶液浓度过高造成烧根。沙土地由于渗透性较好，大量的化肥渗到土壤下层，降低了土壤溶液浓度，很少有烧根现象。

（3）连作的地块，不仅土壤溶液浓度过高，而且也有根腐病、枯萎病等病害危害，导致叶片发黄。

2. 防止的途径

（1）如果用旋耕犁翻耕，可在播种前用免深耕土壤调理剂 100 克，加水 100 千克，用喷雾器喷布 1 亩地面。喷后 20 天内，土壤 50 厘米深度都能疏松通透，大大提高渗水和持水能力，防止积水涝害。

（2）化肥施用应采取少量多次的原则。种肥用量不宜超过 50 千克/亩。

（3）发生叶片发黄后，应立即浇灌冷凉的地下水，一方面降低地温，防止高温损伤根系；一方面冷凉的地下水中含氧量较高，可减少根系窒息的危害；同时，可降低土壤溶液浓度。

（4）轮作换茬，防止根腐病、枯萎病的发生。

（5）重茬地播种前，每亩撒施多菌灵或甲基托布津5~6千克消毒杀菌。

（6）早春返青时喷施天然芸薹素（硕丰481），增强叶绿素的光合作用，促进植物养分的生产。

十、大蒜蒜瓣再生叶薹

该现象在大蒜抽薹前后发生，严重影响蒜头和蒜薹的品质和产量。

1. 发生的原因

大蒜再生叶薹主要是由反常气温引起的，即冬前气温偏高，冬季气温偏低，冬后返春早且气温偏高，此外还与品种、播期、种植密度、肥水条件、覆膜与否等因素有关，表现为白皮蒜较红皮蒜发生率高，早播较迟播发生严重，稀留苗较密留苗发生严重，偏施氮肥或蒜头膨大前氮肥施用过多容易发病，盖地膜较露地栽培发生普遍。

2. 防止的途径

选择红皮种，严格掌握播期，薹头兼用大蒜以9月份播种较佳；合理密植，以株距8厘米，行距20厘米，每亩留苗4万株左右为宜；增施磷钾肥，忌偏施或过多施氮肥，特别是返春后，每亩尿素应控制在20~25千克。

十一、管状叶

大蒜正常叶片呈狭长的扁平带状，管状叶则呈中空的管状，形

似葱叶，这是大蒜分化中的一种异常现象。在大蒜产区，管状叶现象时有发生，发生株率一般在 20% 左右，严重的地块达 30% 以上。

管状叶多在蒜薹外围第一至第五叶上发生，以第三至第四叶发生几率最高。1 个植株上一般发生 1 个管状叶，多的也可能发生2 个或 3 个。由于管状叶发生后，位于其内部的叶和蒜薹都不能及时展开和生长，而是被套在管状叶中，直至随着其生长和体积的增大，才能逐渐部分地胀破管状叶的基部，但叶尖和蒜薹总苞的上部仍被套在管状叶中，所以这些叶片和蒜薹总苞都被挤压成为皱褶的环形，叶片不能展开，蒜薹不能伸直，严重影响叶的光合作用。因而管状叶发生的位置越是靠外，被套在管状叶中的叶片数愈多，对生长和产量的影响越大。

1. 发生的原因

管状叶与播种时间有关，播种早的葱状叶多；反之，则比较少。调换蒜种，如与山东异地换种，也能减少葱状叶，但不能彻底解决。此外，土壤缺硼、偏施氮肥也易出现葱状叶。

2. 防止的途径

目前对管状叶没有理想的解救方法，只能采用人工的方式破筒，以助大蒜顺利出薹，减少损失。操作时取大号缝衣针 1 枚，对准大蒜管筒植株用针刺入管状叶的底部（掌握刺入深度以不伤蒜薹为宜）从下向上平行滑动，剥开管状叶使蒜薹出薹顺利。

第四章　大蒜病虫害的防治

近年来，随着大蒜种植面积的扩大，耕作制度及栽培生态环境的变化，大蒜植株的抗病性也出现了变化，大蒜病害造成的损失也越来越大。尤其是新病害的不断出现，某些病害呈现急剧上升趋势，更加剧了对大蒜的危害。目前已知大蒜作物病害达 20 多种，分别由真菌、细菌、病毒和线虫引起。另外，生理性病害也越来越引起人们的高度重视。

第一节　病虫害的综合防治措施

在病虫害防治中应该按照"预防为主，综合防治"的原则，优先采用农业防治、生物防治、物理防治，合理使用化学防治，不准使用国家明令禁止的高毒、高残留、高生物富集性、高三致（致畸、致癌、致突变）农药及其混配农药。

一、病虫害发生的原因

病害的发生和流行，必须具有易感病的植株、一定数量的病原、发病的适宜温度和湿度 3 个条件。

1. 病原

病原主要包括真菌、细菌和病毒，这些病菌在条件适宜时，经

过一定途径传播到植株上，导致植株发病。病原传播的方式主要有以下几个方面：

（1）蒜种：蒜种是大蒜病毒病、霜霉病、紫斑病、菌核病等多种病菌的寄生场所之一。种蒜带菌是病害传播的主要方式，种蒜上的病菌，有的是寄生在蒜头内，有的附着在蒜皮上，有的是混在种蒜中间。由于种蒜的数量少，病菌较集中，经过消毒处理的种蒜均可有效地消灭寄生的病菌。但不重视种蒜消毒，种蒜带菌仍是病害传播的主要方式之一。

（2）空气传播：在发病期，空气带有大量的病菌，一旦条件适宜即可浸染发病。

（3）病株残体、未腐熟的有机肥带菌、杂草：大蒜收获后，残根、残叶未清理干净，未深埋或烧毁，一旦条件适宜所携带的病原就可浸染致病。利用不腐熟的有机肥，病菌也会浸染植株。田间很多杂草是多种病毒寄生和越冬的场所，如不及时铲除、烧毁或深埋，也会传播病毒病等病害。

（4）土壤带菌：很多病菌，如叶枯病、菌核病、疫病等病菌，可在土壤中腐生存居多年。在多年重茬、连作的地块中，病原菌积累过多，可导致发病。

（5）灌溉水带菌：直接利用河水、塘水、湖水等灌溉时水中的多种病原菌，也会导致病害的发生。

（6）设施带菌：很多病菌可以附着在大棚、温室等设施的骨架、棚膜、墙壁上，使用的锄、镐等农具，在带病的土壤中操作后也可传播病菌，这些病菌也会成为病害的传染源。

（7）昆虫传菌：蚜虫吸食有病毒病的植株后，成为带毒源，再吸食健康植株，导致其发病。

另外，抽烟的人手上可能带有烟草花叶病毒，当再接触健康植株时也会传播病毒。

2. 适宜的发病条件

不同的病害发生、流行、浸染均需要一定的环境条件。除少数病害发病需在高温、干旱的条件下外，大多数病害适于在温和、高湿的条件下发生。大蒜的多种病害发生的适宜温度为 $15\sim20℃$，这也是大蒜生长发育所需的温度。因此，只要大蒜生长发育，病菌也就一定跟着发生、发展。

3. 植株抗病性差

尽管有适宜的发病环境条件，有足够数量的病原，还必须有抗病力弱、易发病的植株方可发病、传播。这就是在相同条件下，不同的植株发病情况不一样的主要原因。

4. 病害的传播途径

田间有了发病植株，有了足够数量的病原，具备了发病适宜环境条件，还必须通过一定的途径才能侵入到其他植株上，造成病害的传播。霜霉病、菌核病、疫病等主要依靠风、水滴和田间操作来传播；软腐病主要依靠灌溉水、土壤耕作、地下害虫等传播；病毒病依靠蚜虫和农事操作接触传播。传播途径的有与否，是病害发生的重要条件之一。

5. 防治不力

大蒜病害的发生、流行，是一个由少到多，由轻微到严重的过程。如果在发病初期未能及早采取措施，或是措施不力，均会造成病害的发生、传播。

二、大蒜病害综合防治技术

1. 播种前后预防

播种前后以农业防治为基础，以培育壮苗为目的，优选抗病品种。

（1）农业防治

①选用优良品种：选用优质、丰产、抗逆性强的品种。秋播大蒜应选抗寒力强、休眠期短的品种；春播大蒜应选冬性弱、休眠期长的品种。选择具有本品种的特征，蒜头圆整，顶芽肥壮，无病斑，无伤口，剔出发黄、发软、虫蛀、顶芽受伤或茎盘发黄及霉烂的蒜头。同时尽量避开易发病的栽培季节，尽量减轻病害的危害，减少药剂的使用。

②选择地块：选择地势干燥平坦，排灌方便，土壤有机质丰富，保肥水能力强的沙壤土种植大蒜，忌连作或与葱蒜类重茬。

③注意邻作：栽培大蒜时，周围大田中尽量不种其他同病害作物，避免病害传染蔓延。

④深耕、冬耕：入冬土壤结冻前，翻地30厘米以上，可使金针虫、蛴螬、地老虎等越冬害虫翻至地表面，使之冻死，被鸟吃掉，能减少越冬虫口密度。春季浅翻或深耕，可消灭部分菌核病菌，减轻菌核病的危害。

⑤种子处理：除不从病害发生严重的地区调入种蒜外，还要选用适乐时（10千克蒜种1袋药）或甲50%多菌灵可湿性粉剂（500倍液浸种1～2小时）进行蒜种处理，注意喷药均匀，晾干后再播。

⑥科学合理施肥：施足充分腐熟的基肥，追施磷钾肥、饼肥，可促进幼苗健壮生长，提高植株的抗病能力。尽量采用配方施肥，

或大蒜专用肥，可减少生理性病害的发生。

⑦适时播种：春播时间为日平均温度稳定在3～6℃时，秋季时间为日平均温度稳定在20～22℃时。

⑧垄作：垄作或畦作可有利于排水，提高地温，减少流水传播病害。

⑨合理密植，加强通风：合理密植能改善通风透光条件，防止某些病虫害的发生。保护地加强通风可降低空气湿度，防治多种真菌和细菌病害的发生蔓延。

⑩清洁田园，清除杂草：大蒜收获后，残叶上还有很多害虫，及时清理，深埋或烧毁，可消灭很多害虫，减少虫口密度。地头、田边的杂草，有的是害虫的寄主，有的是越冬场所，及时清除、烧毁也可消灭部分害虫。

⑪合理地间作、套种、轮作：多数害虫有固定的寄主，寄主多，则害虫发生量大；寄主减少，则因食料不足而发生量大减。利用这一特性，实行轮作，种植一些害虫不喜食的蔬菜，可减少害虫数量。有的土传病害，如大蒜菌核病，通过轮作可以杜绝其发生。

⑫覆盖地膜：有条件时尽量实行地膜覆盖，以减少病虫害发生的机会。

（2）化学防治

①土壤消毒：播种前对土壤喷洒50％多菌灵可湿性粉剂500倍液，或每亩撒2千克的多菌灵干粉，可消灭大部分害虫。

②药剂熏蒸：大棚、温室在播种前，利用敌敌畏等杀虫药熏蒸，可消灭残存在里面的大部分害虫，这样可减少大蒜种植后的药剂防治工作量。

2. 生长期间预防

大蒜从播种后出苗至收获，是叶枯病、叶斑病类、灰霉病、锈

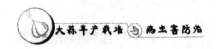

病、疫病等病害的发生时期，因此也要注意防治。

（1）农业防治：农业防治是利用农业栽培技术来防治病虫害的发生与危害的方法，不仅对大蒜本身的生长发育起作用，而且是除虫防病不可缺少的措施。

①合理浇水：严禁大水浇灌，雨后及时排涝，结合田间管理，清理病株残体，带出田外深埋或烧毁。

②合理追肥：在蒜母干缩期、蒜薹伸长期及鳞芽膨大期应进行追肥；也可叶面喷施磷酸二氢钾，提高抗病能力。苗期利用根外追施 0.2%磷酸二氢钾有防止病害发生的作用。

③中耕松土：浇水后及时中耕松土，可减少蒸发，保持土壤水分，减少浇水次数，提高地温，防止某些病害的发生。

④防治病害：大蒜病害的病菌从越冬、越夏或病株中心传染其他植株，都有一个或数个传播途径。在管理中阻断这一途径，可减轻病害的流行。软腐病、病毒病等依靠农事操作、接触传播，在田间管理时，尽量避免病、健株的交叉接触，即可减少病害的大流行。病毒病主要依靠蚜虫传染，及时防治蚜虫也可减少传染。

⑤通风：在保证温度适宜的前提下，保护地栽培及时通风，排出湿气，可有效地降低设施内的空气相对湿度，减少灰霉病等疫病的发生。

⑥人工灭虫：经常在田间检查，发现虫卵、幼虫集中地、成虫集中地，用人工摘除消灭之，可减少虫传病害的机会。

（2）物理防治：利用光、温、器具等进行防治病虫害的措施称为物理防治。

①诱杀成虫：利用害虫成虫的趋光性、趋化性，在成虫发生期在田间设黑光灯、糖醋诱虫液、性诱杀剂，诱杀成虫，以减少产

卵量。

②黄板诱杀：蚜虫和温室白粉虱具有强烈的趋黄性，利用这一特性，在田间多竖黄色板，涂上机油，可粘杀害虫。

③利用银灰色驱蚜：蚜虫有回避银灰色的特性。在栽培中，利用银灰色地膜；行间张挂银灰色塑料薄膜条；棚、室骨架涂上银灰色颜色等，均可使蚜虫虫口密度减少。

④纱网挡虫：在栽培畦上覆盖纱网，温室、大棚的通风口加盖纱网，这样可阻挡害虫不能进入危害。

（3）生物防治：生物防治是利用有益的生物消灭有害的生物的病虫害防治措施。利用生物药剂如浏阳霉素、灭幼脲Ⅲ号、阿维菌素、B. t乳剂等无公害生物农药防治红蜘蛛、夜蛾等害虫，可有效地减少农药残毒污染。

（4）化学防治：在害虫发生较严重时，必须进行化学药剂防治。化学药剂的施用要遵守保护天敌、喷药与收获有足够的间隔时间、低毒、低残留等原则。

①对症下药，防止污染：各种农药都有自己的防治范围和对象，只有对症下药，才会事半功倍，否则，用治虫的药治病，治病的药防虫，只会是劳而无功，徒费农药，事倍无功，得不偿失。在大蒜病虫害防治中，应严格遵照农业部的有关规定，严禁使用六六六、滴滴涕、毒杀芬、二溴氯丙烷、杀虫脒、二溴乙烷、除草醚、艾氏剂、狄氏剂、汞制剂、砷、铅类、敌枯双、氟乙酰胺、甘氟、毒鼠强、氟乙酸钠、毒鼠硅、甲胺磷、甲基对硫磷、对硫磷、久效磷、磷胺、甲拌磷、甲基异柳磷、特丁硫磷、甲基硫环磷、治螟磷、内吸磷、克百威、涕灭威、灭线磷、硫环磷、蝇毒磷、地虫硫磷、氯唑磷、苯线磷等禁用剧毒、高残留农药。

②时机适宜，及时用药：适宜的用药时间主要从两方面考虑，一是有利于施药的气象条件；二是病、虫生物生长发育中的抗药薄弱环节时期。此期用药有利于大量有效地杀伤病虫生物，当然施药时间还应考虑药效残毒对人的影响，必须在对产品低污染、微公害的时期施药。

③浓度适宜，次数适当：喷施农药次数不是越多越好，量不是越大越好。否则，不但浪费了农药，提高了成本，而且还可能加速病、虫生物抗药性的形成，加剧污染、公害的发生。在病虫害防治中，应严格按照规定，控制用量和次数来进行。

④适宜的农药剂型，正确的施药方法：尽量采用药剂处理种子和土壤，防止种子带菌和土传病虫害。保护地内可多采用烟熏的方法，在干旱山区可采用油剂进行超低容量喷雾。喷药应周到、细致。高温干燥天气应适当降低农药浓度。

⑤交替施用，提高防效：用两种以上防治对象相同或基本相同的农药交替使用，可以提高防治效果，延缓对某一种农药的抗性。

⑥保护天敌：在施用农药时，注意采用适当剂型，保护天敌。

⑦安全用药：绝大多数农药对人畜有毒，施用中应严格按照规定，防止人、畜及天敌中毒。

3. 收获后及贮藏期预防

主要是防治青霉病、灰霉病、紫斑病等贮藏期病害，目前主要采取下述措施：

（1）收获前5天停止灌水，以防蒜皮腐烂不耐贮存。

（2）收获时尽量避免机械损伤。

（3）对收获的大蒜应及时晾晒，按商品蒜要求剥去外皮，拣出腐烂蒜、绿蒜等。

（4）进行射线处理，冷库保藏，可有效防治后期及贮藏病害对蒜头的进一步为害。

第二节　大蒜主要病虫害防治

一、病害防治

1. 病毒病

病毒病是世界性病害，是对大蒜危害性最大、发病率最高的一种病害。

（1）危害症状：大蒜病毒病是由多种病毒复合浸染引起的，其症状不完全相同，归纳起来大致有以下几种：

①病株的叶片变小，沿叶脉出现黄条点，以后连成黄绿相间的条纹，心叶变细。

②叶片扭曲、开裂、折叠，叶尖干枯，萎缩。

③植株矮小、瘦弱，心叶停止生长；根系发育不良，呈黄褐色。

④不抽薹或抽薹后蒜薹上有明显的黄色斑块。

（2）发病规律：此病原菌为大蒜花叶病毒及大蒜潜隐病毒，病毒一旦侵入植株体内，不但对植株当年有影响，而且蒜头带毒后若作为种用便以垂直传染方式传递给后代，导致种性退化。此外，田间的蚜虫、蓟马、线虫及瘿螨等也可传播病毒，导致病毒传染率不断扩大，大蒜严重减产。高温干旱、植株生长不良时，症状严重；水、肥充足，植株生长健壮时，症状较轻。

（3）防治方法

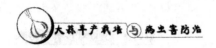

①选用不带毒的蒜种，杜绝在发病地留种。

②尽量避免与大葱、洋葱、韭菜等葱属蔬菜邻作或连作，减少田间的自然传毒。

③播种前严格选择、淘汰有病、虫的蒜头，再将选出的种瓣进行消毒处理。

④适时播种，合理密植，加强肥水管理，促进植株健壮，提高抗病能力。农事操作中，接触过病株的手和农具，应用肥皂水冲洗，防止接触传染。

⑤在蚜虫迁飞的季节，及时喷施 40％乐果乳油 1000 倍液或 20％氰戊菊酯乳油 3000 倍液，消灭蚜虫，减少病毒的传播。

⑥发病初期喷洒 20％病毒 A 可湿性粉剂 500 倍液；或 1.5％植病灵乳剂 1000 倍液；或用 20％病毒灵悬浮剂 400～600 倍液，7～10 天喷 1 次，连喷 2～3 次。均匀喷雾，应交替轮换使用。

2. 锈病

大蒜锈病是我国蒜区的一大流行病害，每年均有发生。

（1）危害症状：锈病主要危害叶及花梗。病部初为梭形褪绿斑，后在表皮下现出圆形或椭圆形稍凸起的夏孢子堆，表皮破裂后散出橙黄色粉状物（夏孢子）。接着表皮纵裂，散发出橙黄色粉末。后期在橙黄色病斑上形成褐色的斑点，长椭圆形至纺锤形，稍隆起，不易破裂。如破裂散出暗褐色粉末（冬孢子）。发病严重时，病叶呈黄白色枯死。

（2）发病规律：锈病是真菌病害。病菌以冬孢子和夏孢子在留种蒜病组织上越冬。第二年入夏形成多次再浸染，此时正值蒜头形成或膨大期，为害严重。锈病在低温、多雨的情况下易发病。故在春、秋二季发病较多，尤以秋季为重。在冬季温暖多雨地区，有利于病菌越冬，次年发病则严重。夏季低温多雨，有利于病菌越夏，秋季则发病重。此外，在管理粗放，肥料不足，生长势衰弱时，发病严重。

（3）防治方法

①选用抗锈病品种：如紫皮蒜、小石口、苍山蒜、改良蒜等。

②严格选种：播种时注意选择大瓣、无病、无虫的蒜瓣作为种用。

③实行轮作倒茬，不与葱蒜类连作，避免葱蒜混种。

④加强田间管理，增施有机肥料，特别是增施磷、钾肥料，促进植株健壮生长，提高抗病力。

⑤田间管理中减少植株造伤。

⑥适时晚播，减少灌水次数，杜绝大水漫灌。

⑦合理密植，改善群体结构，以利通风透光。

⑧遇有降雨多的年份，早春要及时检查发病中心，及时喷药防治，或拔除深埋。

⑨发病初期，选用 25％三唑酮可湿性粉剂 2000 倍液，或 97％敌锈钠可湿性粉剂 300 倍液，或 25％敌力脱乳油 3000 倍液，或 70％代森锰锌可湿性粉剂 1000 倍液喷雾，7～10 天喷 1 次，连喷 2～3 次。

⑩收获后及时清理田间病株残体，减少田间病源。

3. 叶枯病

大蒜叶枯病是大蒜常见的病害之一，各菜区均有不同程度发病，主要危害露地栽培的大蒜。近年来，大蒜叶枯病逐年加重，一般病田减产 20％～30％，重病田减产 50％以上，严重制约着大蒜生产的进一步发展。

（1）危害症状：大蒜叶枯病主要为害大蒜的叶片和花薹。病初由叶尖开始，病斑呈白色圆形斑点。逐渐扩大，形状不规则，颜色逐渐变深，呈灰黄或灰褐色，大小不一，有时遍及整个叶片。湿度大时，病斑表面密生黑色霉状物，叶和花薹变黄枯死，或从病部折断。危害严重时大蒜不易抽薹。

（2）发病规律：葱类叶枯病为真菌病害，病菌以子囊壳在病株残体上越冬，为弱寄生菌，健株不易得病，常伴随霜霉病、紫斑病同时发生。多雨、高温条件下感染迅速，发病猛，传播快。早播的蒜田，8～9月气温高，正值降水高峰期，易发病，而且往往成为适播蒜田的传染源。其次，地势低洼，稻后蒜田，容易积水的田块发病重；瘦田瘦地，肥力不足的蒜地发病重。反之，透水性强、肥力足的蒜地不易发病或发病轻。

（3）防治方法

①播前药剂拌种、浸种。将蒜头剥开放于50％的多菌灵可湿性粉剂，用量为蒜头种子重量的0.3％进行拌种。

②合理轮作倒茬，能破坏病原菌的生存环境，减少菌源积累。避免选葱、韭菜、洋葱茬口种植，宜与小麦、玉米、瓜类、豆类等作物轮作。

③选择地势平坦，土层深厚，耕作层松软，土壤肥力高，保肥、保水性能强的地块。一般覆膜大蒜比露地蒜晚播5～7天。

④施足基肥（腐熟的农家肥、草木灰和过磷酸钙），苗期以控为主，适当蹲苗，培育壮苗。烂母后以促为主，抽薹分瓣后加强肥水管理，雨后及时排水，避免大水漫灌，尽量降低田间湿度。早播应防止低温冻害。

⑤发病初期喷洒30％氧氯化铜悬浮剂600～800倍液；或78％

科博可湿性粉剂 500 倍液；或 70％代森锰锌可湿性粉剂 500 倍液；或 80％喷克可湿性粉剂 600 倍液；或 75％百菌清可湿性粉剂 600 倍液；或 40％灭菌丹可湿性粉剂 400 倍液；或 50％扑海因可湿性粉剂 1500 倍液，每 10 天 1 次，连喷 3～4 次。

⑥大蒜收获后清除田间残株落叶，严禁将残株落叶随意遗弃在田边及沟渠中，应集中烧毁或妥善处理，以减少田间病源。

4. 紫斑病

大蒜紫斑病是大蒜上常见的病害之一，各菜区均有不同程度发生，主要危害露地栽培的大蒜。

（1）危害症状：大田生长期为害叶和薹，贮藏期为害鳞茎。南方苗高 10～15 厘米开始发病，生育后期为害最甚；北方主要在生长后期发病。田间发病多从叶尖或花梗中部开始，渐向下部蔓延。初期病斑小、稍凹陷，病斑黄褐色，湿度大时，病部产出黑色霉状物，即病菌分生孢子梗和分生孢子，病斑多具同心轮纹，易从病部折断。贮藏期染病的鳞茎颈部变为深黄色或红褐色软腐状。

（2）发病规律：病原菌属真菌中的半知菌。病菌以菌丝体或分生孢子附着在病株残体、种子上及土壤中越冬，或直接以分生孢子越冬。越冬后，产生的分生孢子借雨水或气流传播。分生孢子萌发和侵入均需有雨或露的条件。紫斑病在温暖多湿的条件下发病严重，所以南方及沿海地区发生普遍。由于该病对环境条件要求不严格，所以分布很广。

（3）防治方法

①选择种植抗病品种。在无病区或无病种株上留种，防止种子带菌。种蒜消毒可用 40％甲醛的 300 倍液浸种 3 小时，取出冲洗干净再播种。或用 50％多菌灵可湿性粉剂拌种，药剂用量为种瓣重量

的 0.5％；或用 40％多菌灵胶悬剂 50 倍液浸种 4 小时，预防种瓣带菌。

②选择地势平坦、排水方便的肥沃壤土种植。施足基肥，增施磷、钾肥料，促进植株健壮生长，提高抗病力。实行 2 年以上的轮作。

③经常检查病情，及时拔除病株，摘除病叶、病花梗，集中深埋或烧毁。收获后晾晒，鳞茎充分干燥后贮藏。

④发病初期喷洒 70％代森锰锌可湿性粉剂 500 倍液；或 30％氧氯化铜悬浮剂 600～800 倍液，或 75％百菌清可湿性粉剂 500～600 倍液，或 50％扑海因可湿性粉剂 1500 倍液，7～10 天喷 1 次，连喷 2～3 次。均匀喷雾，应交替轮换使用。

⑤适时收获，收后适当晾晒至鳞茎外部干燥后入窖，低温贮藏，防止病害在贮藏期继续蔓延。

5. 疫病

疫病是大蒜的重要病害，各地都有分布，而且近年来发病猛，危害严重。

(1) 危害症状：疫病可侵害根、茎、叶、花薹，尤以假茎和鳞茎受害最严重。病叶多从中下部开始，初为暗绿色水浸状病斑，当扩展到叶子的一半左右时，全叶变黄，下垂，软腐，空气潮湿时，病部长出稀疏的白色霉状物，假茎受害，出现水渍状淡褐色软腐，长出灰白霉，叶鞘容易脱落。鳞茎受害，多在根盘产生成褐色或暗褐色腐烂，内部组织变淡褐色。根部发病，呈褐色腐烂，根毛明显减少，根的寿命缩短，地上部生长势减弱。

(2) 发病规律：病菌为葱疫霉，病菌以分生孢子和菌丝体在病残体上越冬，第二年萌发成游动孢子借雨水、气流传播。病菌生长的最适温度为 25～30℃，在湿度高的条件下发病严重。北方地区，一般 4 月下旬始发，5 月中下旬进入发病高峰期，此期正值大蒜孕薹和抽薹期，若有连续 12 毫米以上的降雨 3 次以上，易造成该病的大流行。此外，植株生长差，营养不良地易发病。此病一旦发生，可造成大量减产。

（3）防治方法

①选用抗病性强的品种，如紫皮蒜、苍山蒜等。播种前进行严格选种，对发霉、虫蛀、发黄变软的蒜头予以淘汰后用 0.3% 的 25% 瑞毒霉拌种。

②采用小垄或高畦栽培，露地栽培大蒜要注意排涝，有利于防病。

③重病地与非葱蒜类进行 2～3 年轮作。前茬作物收获后，轮茬耕翻，耕翻后晒 15 天左右为好。若遇秋旱则应抢墒耕翻，并把细耙平，以利保墒。

④入夏降雨前，及时摘除下层黄、老、病叶，以改善通风条件。保护地应加强通风，降低湿度。

⑤进行配方施肥，避免过量施用氮肥，增施磷钾肥，施足腐熟基肥，以提高植株抵抗力。

⑥发病初期喷洒 80% 喷克可湿性粉剂 500 倍液；或 40% 三乙膦酸铝可湿性粉剂 250 倍液；或 50% 扑海因可湿性粉剂 1000～1500 倍液；或 70% 代森锰锌可湿性粉剂 350 倍液；或 75% 百菌清可湿性粉剂 500 倍液；或 50% 多菌灵可湿性粉剂；或 50% 托布津可湿性粉剂 300 倍液，7～10 天喷 1 次，连喷 2～3 次。均匀喷雾，应交替轮换使用。

⑦收获后及时清除病残体，集中烧毁或深埋，减少病源。

6. 灰霉病

大蒜灰霉病多发生在棚室植株生长的中后期和蒜薹贮藏期。

(1) 危害症状：生长期间在叶鞘和鳞茎颈部受害时，发生淡褐色病斑，叶尖有椭圆形白色斑。逐渐发展，叶片扭曲枯死，叶鞘内部组织腐烂。潮湿时病部长出灰色霉。

灰霉病是蔬菜冷库的毁灭性病害，蒜薹入库后 3～4 个月即见发病。首先在鳞茎顶及肩部出现干枯稍凹陷的病斑，然后变软，淡褐色，鳞片间有灰白色的霉。后期产生黑褐色小菌核。受害鳞茎再感染软腐病后腐烂变臭。

(2) 发病规律：灰霉病为真菌病害，病菌以菌株体、菌核随病株残体或鳞茎在田间或贮藏库内越冬。翌春通过伤口或叶尖的表皮侵入寄主，借风、雨、灌溉及田间作业进行传播。在低温、高湿的条件下易发病。春季多雨时发病严重，收获时遇雨，晾晒不干，贮藏期湿度过大，则容易发病。

(3) 防治方法

①选用抗病品种：苍山大蒜中的高脚子品种抗性较强，其次是蒲棵和鲁山白、二水早、嘉定白蒜、安丘大蒜。感病品种有糙蒜和苏联红皮蒜二号。

②轮作：与非感染灰霉病的作物实行 2～3 年的轮作。收获后及时清除田间病株残体，集中深埋或烧毁，减少田间病源。

③选择地下水位低、土壤排水性良好的地段种植。整平畦面，设排水沟，防止田间积水。

④施用有机肥作基肥，增施磷、钾肥，避免过量施用氮肥及灌水，合理密植，防止植株徒长。

⑤灌水适当，防止大水漫灌，雨后及时排水，降低田间湿度。

⑥露地大蒜发病初期喷洒50％速克灵可湿性粉剂1000～1500倍液；50％扑海因可湿性粉剂1000～1500倍液；50％托布津可湿性粉剂400～500倍液；40％多菌灵可湿性粉剂800～1000倍液；75％百菌清可湿性粉剂400～500倍液；20％粉锈宁乳油1000倍液喷雾；50％灭病威可湿性粉剂600～800倍液，隔7～10天1次，连续防治2～3次。

⑦棚室栽培大蒜也可采用烟雾法或粉尘法，在发病始期开始施用特克多烟剂，每100立方米用量50克（1片）或15％腐霉利（速克灵）烟剂或45％百菌清烟剂，每亩用250克熏1夜，隔7～8天1次，也可于傍晚喷撒5％百菌清粉尘剂或10％灭克粉尘剂，每亩用1千克，隔9天1次，视病情注意与其他杀菌剂轮换交替使用。采收前7天停止用药。

⑧防治蒜薹灰霉病贮藏温度宜控制在0～12℃，湿度80％以下，若超过此标准及时通风排湿。必要时喷洒45％特克多悬浮剂3000倍液或65％抗霉灵（硫菌·霉威）可湿性粉剂1500倍液，50％多霉灵可湿性粉剂1000～1500倍液。也可用保鲜灵烟剂熏蒸。

7. 煤斑病

近年来，大蒜煤斑病因种植面积不断扩大，煤斑病逐渐流行，重病田块叶片全部干枯，基本无收，给蒜薹和蒜头生产带来严重危害。

（1）危害症状：初生苍白色小点，逐渐扩大后形成以长轴平行于叶脉的椭圆形或梭形病斑，中央枯黄色，边缘红褐色，外围黄色，并迅速向叶片两端扩展，尤以向叶尖方向扩展的速度最快，致叶尖扭曲枯死。病斑中央深橄榄色，湿度大时呈绒毛状，干燥时呈粉状。病情严重时全株枯死。

（2）发病规律：病原为半知菌亚门的真菌葱枝孢。病菌以病残体上的休眠菌丝及分生孢子在干燥的地方越冬或越夏，播种时随肥料进入田间成为初浸染源，也可在高海拔地区田间生长的大蒜植株上越夏，随风传播，孢子萌发从寄主气孔侵入，在维管束周围定殖扩展。从苗期到鳞茎膨大期均可发病，植株生长不良或阴雨潮湿的天气有利于发病，植株生长后期更易发病并较严重。品种间抗病性有差异。

（3）防治方法

①因地制宜地选用抗病良种。

②合理密植，施足底肥，及时追肥，增施磷钾肥，防止徒长。雨后及时排水，降低田间湿度。

③发病初期及时喷药，可选用 75％百菌清可湿性粉剂 600～800 倍液；或 65％代森锌可湿性粉剂 400～600 倍液；或 25％粉锈宁可湿性粉剂 1500～2000 倍液；或 50％多菌灵可湿性粉剂 500～1000 倍液。以上药剂可选择一种，每隔 7～10 天喷 1 次，视病情可连续喷 2～3 次。

8. 菌核病

大蒜菌核病自发现以来发生面积呈逐年上升趋势，现在已发展成严重影响了大蒜产量和质量的病害。

（1）危害症状：主要危害大蒜茎基部，初期发病病部水渍状，以后病斑变暗色或灰白色腐烂。湿度大时，病部变软，溃病腐烂，表面长出白色绵毛状的菌丝，腐烂部位发生强烈的蒜臭味。大蒜叶鞘腐烂后，上部叶片表现萎蔫，并逐渐黄化枯死，蒜根须、根盘腐烂，蒜头散瓣。后期病部可见到散出的鼠状或三角形黑色菌核。

（2）发病规律：菌核病为真菌病害，病菌以菌丝体或菌核在病株残体或土壤中越冬。第二年条件适宜时，产生子囊孢子借风、雨传播。在温度为20℃左右，土壤湿度较大时发生严重。故在春季雨水多，或浇水过勤，膜下相对湿度高，常加重病情。重茬有利于发病。轮作能明显减轻发病。

（3）防治方法

①实行2年以上的与非葱蒜类作物的轮作。

②选取健康无病的大蒜留种。

③适时播种、合理密植，施足基肥，做到土杂肥、氮、磷、钾合理配比，及时加强田间管理，提高抗病能力。

④春季发病初盛时，一般在3月下旬，用50%速克灵粉剂1500倍液，或50%多菌灵粉剂500倍液喷雾防治，施药时重喷茎基部，隔7～10天喷1次，连续防治2～3次。

⑤秋种时选用50%多菌灵粉剂或70%甲基托布津粉剂，按种子量的0.3%兑水适量均匀喷布种子，闷种5小时，晾干后播种。

⑥收获后及时清除大蒜病株残体，带出田外深埋。

9. 白腐病

大蒜白腐病是蒜田的主要真菌性病害之一，危害日趋严重，秋播蒜区也有发生。

（1）危害症状：染病植株一般先从外部叶片的叶尖出现黄色或黄褐色条斑并向叶鞘及内叶发展，植株生长缓慢，较正常植株矮小，假茎变软、腐烂，后期整株发黄枯死，受害组织呈灰黑色并出现灰白色菌丝层和黑色菌核。鳞茎发病，初期病部表皮出现水浸状病斑和灰白色的菌丝层，不久呈白色腐烂，以后菌丝上出现黑色的菌核，鳞茎腐烂变黑。

（2）发病规律：白腐病为真菌病害。病菌以菌丝体或菌核在土壤和病株残体内越冬。第二年春季条件适宜时，萌发长出菌丝，借雨水或灌溉水传播，再侵入大蒜组织，造成根系变软腐烂或组织干腐。该病原菌喜低温高湿，20℃以下发病较重，雨水多的季节病情发展也快，夏季高温发病慢。在长期连作、排水不良、土壤肥力差的地块发病也较重。

（3）防治方法

①由于连作的田块容易发病，因此对连作田块进行与非蒜类作物轮作 3～4 年，可有效防治此病。

②应在无病区，或无病田块留种，防止种子带病传播。播种前，种瓣用 15％粉锈宁可湿性粉剂，或 50％甲基托布津可湿性粉剂拌种，药剂用量为种瓣重量的 0.3％。拌种的方法是，先将药粉用适量水溶解，装在喷雾器中喷拌种瓣，晾干后播种。

③田间发现病株，立即拔出，并用药剂或石灰粉消毒。适当灌水，雨季及时排水，降低田间湿度，避免发病条件。

④发病初期每亩用 50％多菌灵可湿性粉剂 500 倍液，或 50％甲基硫菌灵可湿性粉剂 600 倍液，或 20％甲基立枯磷乳油 1000 倍液，或用 75％蒜叶青可湿性粉剂 1500 倍液 50～60 千克喷雾防治，每 7～10 天 1 次，连续用药 2 次。也可用 75％蒜叶青可湿性粉剂 1000～1500 倍液，或 50％扑海因可湿性粉剂 1000～1500 倍液灌淋根茎，每隔 7～10 天 1 次，连续用药 2 次。灌淋根茎法较喷雾防治法效果更好。

10. 软腐病

大蒜软腐病是一种细菌性病害，也是大蒜上的主要病害之一，对产量和品质的影响较大。

（1）危害症状：主要为害蒜头。蒜头染病后，表面先出现水浸状，有时带黄褐或黑褐色，随即腐烂发臭。在蒜头中部感病则软化腐烂。在地上叶片部位感病，沿叶脉发生小型水浸状软化病斑，叶鞘基部易软化腐烂，并生恶臭。病势发展，外叶及植株易倒伏。贮藏期间鳞茎亦会发病，症状同生长期。

（2）发病规律：大蒜软腐病是一种细菌性病害，主要危害露地栽培的大蒜。病菌主要在土壤中尚未腐烂的病残体上存活越冬，条件适宜后浸染大蒜，引起大蒜软腐。病菌喜高温、潮湿环境，土壤含水量高、田间湿度大有利于发病。连作、地势低洼、排水不良、生长过旺的田块发病重；年度间雨水多的年份危害严重。

（3）防治方法

①与非感染软腐病的作物实行 2～3 年的轮作。

②选用优良蒜种，以脱毒、抗病、无病虫蒜种最佳。

③及早深耕，促进病株残体分解，减少虫害，提高肥力；增施有机肥，适时追肥，促进植株健壮生长，加速伤口愈合速度，增强抗病力。

④播种前用 77％多宁可湿性粉剂每亩 1 千克拌种。

⑤适当灌水，雨季及时排水，降低田间湿度；适期播种，防止田间高温；发现病株及时拔除，并撒药消毒；收获后清理病株残体，深埋或烧毁，减少田间病源。

⑥在发病前或发病初期，每亩用 72％农用链霉素 3000～4000 倍液，或 80％必备可湿性粉剂 400～600 倍液；或新植霉素 5000 倍液；或 77％可杀得可湿性粉剂 500 倍液；或抗菌剂 401 的 500～600 倍液；或 50％代森铵 1000 倍液等 50 千克喷雾，每隔 7～10 天 1 次，视病情连续防治 2～3 次，效果更佳。

⑦在蒜头收获后适当晾晒使伤口干燥硬化，加速愈合。淘汰有

病、虫、残的伤鳞茎，选择健壮鳞茎入窖贮藏。贮藏期间注意通风，保持0℃的低温。

11. 干腐病

大蒜干腐病在生育期和贮藏运输期均可发生，尤其是在贮运期发生严重。

（1）危害症状：生长期发病，病叶尖枯黄，根部腐烂，切开鳞茎基部可见病斑向内向上蔓延，呈半水浸状腐烂，发展较慢。贮运期发病危害严重，多从蒜根部发病，蔓延至主鳞茎基部，使蒜瓣变黄褐色、干枯，病部可产生橙红色霉层。

（2）发病规律：大蒜干腐病为真菌病害，病菌以菌丝或厚垣孢子在土壤中越冬。第二年从伤口侵入植株，种蒜带菌亦是重要的发病源。土壤在高温、高湿条件下发病严重。在贮运期间，高温条件下易发病，在8℃以下发病较轻。

（3）防治方法

①与禾本科、豆科作物进行3～4年轮作。

②在无病区选留种蒜，选用无病的蒜瓣做种。

③田间操作时注意不要造成伤口，及时防治害虫，减少虫伤。贮运期间控制温度在0～5℃，相对湿度在65%左右的范围内。

④发病初可用80%喷克可湿性粉剂500倍液；或50%甲基托布津可湿性粉剂1000倍液；或75%百菌清可湿性粉剂600倍液，每7～10天1次，连喷2～3次。

12. 花叶病

花叶病为当前大蒜生产上普遍流行的一种病害，染病大蒜产量和品质明显下降，造成种性退化。

（1）危害症状：发病初期，沿叶脉出现断续黄条点，后连接成黄绿相间长条纹，植株矮化，且个别植株心叶被邻近叶片包住，呈卷曲状畸形，长期不能完全伸展，致叶片扭曲。病株蒜头变小，或蒜瓣及须根减少，严重的蒜瓣僵硬，贮藏期尤为明显。

（2）发病规律：播种带毒蒜种，出苗后即染病。田间主要通过桃蚜、葱蚜等进行非持久性传毒，以汁液摩擦传毒，管理条件差、蚜虫发生量大及与其他葱属植物连作或邻作发病重。

（3）防治方法

①选用无病田块的蒜头做种，以避免蒜头带毒。

②避免与大葱、韭菜等葱属植物邻作或连作，减少田间自然传播。

③在蒜田及周围作物喷洒杀虫剂防治蚜虫，防止病毒的重复感染。

④加强大蒜的水肥管理，避免早衰，提高植株抗病力。

⑤发病初期开始喷洒 1.5％植病灵乳剂 1000 倍液，或 20％病毒 A 可湿性粉剂 500 倍液，或 20％病毒净 500 倍液，或 20％病毒克星 500 倍液，或 20％病毒宁可湿性粉剂 500 倍液，或 1.5％植病灵乳剂 1000 倍液等药剂喷雾。每隔 5～7 天喷 1 次，连续 2～3 次。

13. 炭疽病

炭疽病可侵害洋葱、葱、大蒜、韭菜等。

（1）危害症状：大蒜炭疽病主要为害蒜头，也为害叶片。叶片发病，病斑近纺锤形、不规则形。灰褐色，上生许多小黑点，严重时病部上部叶片枯死。蒜头发病，在外层鳞片上有褐色圆形病斑，病斑凹陷，并向鳞茎内部发展，内部变褐但一般不腐烂，湿度大时，鳞茎上病斑也产生黑色小粒点。

（2）发病规律：炭疽病为真菌病害。病菌以菌丝体、分生孢子在病株残体或鳞茎上越冬。翌春分生孢子借雨水和气流及田间作业进行传播，在高温高湿的条件下发病容易。

（3）防治方法

①实行 2～3 年以上的轮作。

②在无病区留种。蒜种用 40％甲醛 300 倍液浸种 3 小时后，冲洗干净再播种。

③施足有机肥，增施磷肥，可减少田间病源。适当浇水，及时排出田间积水，降低田间湿度，避免发病条件。

④发病时可用 80％喷克可湿性粉剂 500 倍液；或 80％炭疽福美可湿性粉剂 800 倍液；或 70％代森锰锌可湿性粉剂 500 倍液；或 75％百菌清可湿性粉剂 600 倍液；或 40％灭菌丹可湿性粉剂 400 倍液，每 7～10 天 1 次，连喷 3～4 次。

14. 黑粉病

大蒜黑粉病是一种真菌型病害，在北方冷凉地区发生较严重。

（1）危害症状：黑粉病可侵害叶身、叶鞘、鳞茎。在叶、叶鞘和鳞茎上出现灰色条纹，条纹内病组织上充满黑色厚垣孢子，受害叶片扭曲下弯，病苗或病株枯死。

（2）发病规律：黑粉病为真菌病害，病菌在土壤或粪肥中越冬，也可附着在种蒜上越冬。借风雨或灌溉水传播蔓延。播种过深，发芽出土迟，与病菌接触时间长或土壤湿度大发病重。由于该病是系统浸染，田间健株仍保持无病，当叶长到 10～20 厘米后，一般不再发病。

（3）防治方法

①病田可实行 2～3 年以上的轮作。

②土壤温度在29℃以上时，基本可避免发病，故在重病区可适当调整播种期，在高温时播种育苗。

③种蒜用福美双、克菌丹等药剂拌种，以消灭种子上携带的病菌。

④发现病株及时拔除，集中烧毁，并注意把手洗净，工具应消毒，以防人为传播，病穴撒1∶2石灰硫磺混合粉消毒，亩用量10千克，也可把50％福美双或拌种灵1千克，兑细干土80～100千克，充分拌匀后撒施消毒。

15. 青霉病

大蒜主要贮藏病害之一，是不容忽视的重要病害。

（1）危害症状：被害蒜头外部出现淡黄色的病斑。在潮湿情况下，长出青蓝色的霉状物。贮存时间久了，霉状物呈粉块状。严重时病菌侵入蒜瓣内部，组织发黄、松软、干腐，通常蒜头上一至数个蒜瓣干腐。

（2）发病规律：主要由半知苗亚门丝孢纲的产黄青霉菌浸染所致，病菌广泛存在于土壤、空气里，由多种伤口（如机械伤、虫伤、冷害等）侵入，迅速进入蒜瓣组织，蒜头外部产生霉状物后，贮运中继续接触传播，由昆虫爬动，特别是震动，使分生孢子飞散扩展，很快使蒜头大量发病。

（3）防治方法

①抓好鳞茎采收和贮运，尽量避免遭受机械损伤，以减少伤口，不宜在雨后、重雾或露水未干时采收。

②贮藏窖用硫磺密闭熏蒸24小时。

③采收前1周喷洒70％甲基硫菌灵超微可湿性粉剂1000倍液或50％苯菌灵可湿性粉剂1500倍液。

④加强贮藏期管理，贮存温度控制在 5～9℃，相对湿度 90%左右。

16. 曲霉病

由黑曲霉引起的烂蒜在我国大蒜贮运中发生较多，值得注意。

（1）危害症状：被害蒜头外观正常，无色泽变暗或腐烂迹象，但剥开蒜瓣，蒜皮内部充满黑粉（相似黑粉病的症状）。

（2）发病规律：主要由半知菌亚门丝孢纲的黑曲霉菌侵害所致，病菌在土壤中、空气里以及工具和多种腐烂的植物残体上广泛存在。可能随采收由蒜头顶部剪口或擦伤处侵入，不断破坏内部组织。贮运期间再侵染不明显。常将蒜头剪下去根贮运，该病大量发生，且随贮运期延长发病越重。

（3）防治方法：参考"大蒜青霉病"。

二、虫害防治

常见的害虫有地蛆、葱蓟马、线虫、蚜虫、大蒜粪蚊、轮紫斑跳虫、蛴螬、螨等。

1. 地蛆

蒜蛆又叫根蛆、粪蛆，常见的是种蝇和葱蝇的幼虫，是大蒜苗期为害较为严重的害虫。

（1）危害症状：蒜蛆以幼虫蛀食大蒜鳞茎，使鳞茎腐烂，地上部叶片枯黄、萎蔫，甚至死亡。拔出受害株可发现蛆蛹，被害蒜皮呈黄褐色腐烂，蒜头被幼虫钻蛀成孔洞，残缺不全，蒜瓣裸露、炸裂，并伴有恶臭气味。被害株易被拔出并被拔断。

（2）发病规律：种蝇和葱蝇在北方 1 年发生 3～4 代，南方 5～6 代。一般以蛹在土地或粪堆中越冬，成虫和幼虫也可以越冬。第二年早春成虫开始大量出现，早、晚躲在土缝中，天气晴暖时很活跃，田间成虫数量大增。种蝇和葱蝇都是腐食性害虫，成虫喜欢群集在腐烂发臭的粪肥、饼肥及厩肥等有机物中，并在上面产卵，或在植株根部附近的湿润土面、蒜苗基部叶鞘缝内及鳞茎上产卵，卵期3～5天，卵孵化为幼虫后便开始为害，幼虫期约20天，老熟幼虫在土壤中化蛹。一般春季为害重，秋季较轻。大蒜在烂母期发出特殊臭味，招致种蝇和葱蝇在表土中产卵，所以大蒜在烂母期受害最重。幼虫在葱蒜类蔬菜地下部的根与假茎间钻成孔道，蛀食心叶，使组织腐烂，叶片枯黄、萎蔫乃至成片死亡。

（3）防治方法

①与小麦等作物倒茬，切忌连作。

②有机肥必须经过高温发酵，充分腐熟后再施用。在堆制有机肥时，用90％敌百虫150克，兑水50升，稀释后喷洒在750千克的有机肥中，充分混匀，可收到杀灭及预防种蝇的效果。

③播种前剔除发霉、受伤、受热、受冻的蒜瓣，以免腐烂时招致种蝇和葱蝇产卵。选出健康的种瓣用80％敌百虫原粉20倍液拌种，每50千克种瓣用药液5千克。也可以用50％辛硫磷乳油100～150毫升，加水25～30升稀释，拌种瓣200～250千克，随拌随播。

④平时发现枯萎的植株应及时挖除，并将钻藏于鳞茎中的地蛆杀死，以免危害其他植株。

⑤幼虫发生初期用2.5％敌百虫粉剂撒在植株基部及周围土壤中；或90％晶体敌百虫800～1000倍液，或40％乐果乳油1000倍液，或除虫菊酯400倍液灌根，可消灭早期幼虫。

⑥在大蒜烂母期前追施2次氨水，可减轻虫蛆为害。

⑦成虫发生盛期用糖酒醋液（糖∶醋∶白酒∶水∶敌百虫＝6∶3∶1∶10∶1）诱杀成虫。

2. 葱蓟马

葱蓟马又叫棉蓟马、烟蓟马，俗名小白虫，主要危害葱蒜类蔬菜，还可以危害瓜类和茄果类蔬菜。

（1）危害症状：葱蓟马以成虫、若虫以锉吸式口器为害寄主植物的心叶、嫩芽，在叶组织表面形成许多不规则长条形黄白色坏死斑纹，严重时枯斑连片，受害叶扭曲枯死。

（2）发病规律：在北方一年发生 6～10 代。主要以成虫和若虫在未收获的葱、蒜叶鞘内、残株、杂草及土中越冬。第二年春季开始活动危害。成虫活泼、善飞，可借风力传播。成虫白天多在叶背或叶腋处，阴天或夜间在叶面上活动取食。葱蓟马喜温暖、干旱的气候，多雨季节活动受到限制。大蒜生长期间，在北方主要发生在5～6 月份，南方主要发生在 10 月下旬至 11 月上旬。在此期间气候温暖，如果少雨干旱，则有利于葱蓟马的繁殖，造成严重危害。

（3）防治方法

①不与其他葱蒜类蔬菜连作，实行 3～4 年的轮作。

②早春清除田间杂草和残株落叶，深埋或烧毁，可减少虫源。勤浇水，勤除草可减轻危害。

③发生初可用 10％歼灭乳油 3000 倍液、50％敌敌畏乳油、40％乐果乳油、50％辛硫磷乳油、50％巴丹可湿性粉剂各 1000 倍液；或 40％二嗪农乳油、50％马拉硫磷乳油各 1000～2000 倍液喷雾。兑药时适量加入中性洗衣粉或 1％洗涤灵或其他渗透剂，以增强药液的渗透性。

④葱蓟马有趋向蓝色的习性，可在葱地设置蓝色粘板，将蓟马

粘在粘板上能减少其危害。

3. 茎线虫

危害大蒜的线虫主要是圆葱茎线虫。

(1) 危害症状：植株被害后新叶扭曲、卷缩，不能展开，植株生长缓慢，类似病毒病的危害症状；叶鞘变短粗，叶鞘外部变褐并破裂，叶鞘内部向外膨胀，出现"破肚"症状。蒜头被害后，初期被害组织变白，呈水浸状，以后逐渐变软腐烂，最后整个蒜头的外皮全部被蛀食、烂掉，只剩下着生在茎盘上的裸露蒜瓣，甚至蒜瓣上的嫩皮也被蛀食、烂掉，出现蒜瓣"脱皮"症状。

(2) 发病规律：以成虫和幼虫从大蒜植株的茎盘、蒜头及叶片气孔入侵并产卵。卵孵化出的幼虫危害大蒜植株的根、蒜头和叶片的柔嫩组织，阴雨天可借助植株表面水流，爬向蒜薹和气生鳞茎危害。

该线虫主要在蒜头中越冬，或在贮藏的蒜头中继续繁殖后代。其传播方式可通过受害种瓣传播繁殖后代；也可以土壤为传播源，借助水流传播繁殖后代。该线虫有避光性，怕阳光直接暴晒，喜欢在散射光下活动。

(3) 防治方法

①选择未经大蒜茎线虫污染的土壤种植，或实行 3～4 年的轮作。

②选择健康种瓣，掰蒜后的蒜皮、蒜根、茎盘及蒜薹残桩集中烧毁。

③种蒜播种前用 38℃ 水浸种 1 小时，然后投入 1‰ 福尔马林溶液中，浸 20 分钟后用冷水洗净，晾干后播种，可消灭线虫，同时不妨碍发芽，或用 80% 敌敌畏乳剂 1000 倍液，浸种 24 小时，其杀

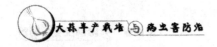
虫效果可达 100%。

④播种前每亩用 2. 5％敌百虫粉剂 1. 5～2 千克，加细土 30 千克，混合均匀后撒入播种沟内，然后播种。

4. 蚜虫

危害大蒜的蚜虫有葱蚜、桃蚜、棉蚜、豆蚜和萝卜蚜。

(1) 危害症状：由于该虫能刺吸汁液，可致使大蒜叶片卷缩变形，褪绿变黄而枯干；同时传播大蒜花叶病毒，导致大蒜种性退化。

(2) 发病规律：北方地区年发生 10 余代，南方地区年发生数十代。蚜虫以卵越冬，也可以成虫和若蚜在温室、大棚、菜窖等比较温暖的场所越冬并继续危害，靠有翅蚜迁飞扩散。温暖、干旱的气候有利于蚜虫的发生，春、秋两季危害严重，夏季高温多雨危害减轻。

(3) 防治方法

①农业防治：在秋季蚜虫迁飞前，清除田间地头的杂草、残株、落叶并烧毁，可减少第二年虫口密度。

②物理防治：用木板、玻璃或白色塑料薄膜制成长方形牌子，正反两面都涂上橙黄色涂料，再刷上机油。把黄牌插在田间，引诱有翅蚜飞到黄牌上被粘住，每亩需设黄板 30 块。

③化学防治：用于喷布的农药可选用 50％抗蚜威 1000 倍液，或 10％吡虫啉 2000 倍液，或 40％乐果乳油 1500 倍液，或 80％敌敌畏乳油 1500 倍液，或 50％辛硫磷乳油 1000 倍液。施用任何药剂时，均应加 1‰中性肥皂水或洗衣粉。最好用不同药剂轮换喷施，以免蚜虫产生抗药性。

5. 大蒜粪蚊

大蒜粪蚊在大蒜整个生育期都可为害，是大蒜生产上的危险害虫之一。

（1）危害症状：幼虫聚集在大蒜的假茎基部，由外向内蛀食，破坏假茎组织，使植株萎蔫枯死。当蒜瓣形成时，幼虫则蛀食蒜瓣外的嫩皮部分，使蒜瓣变软、变褐、腐烂，瓣肉裸露，甚至引起整个蒜头腐烂。

（2）发病规律：大蒜粪蚊以蛹或老熟幼虫在土壤或被害蒜头中越冬。成虫在大蒜植株根部土壤表层内产卵，多数产卵成堆，少数散产。孵化后的幼虫具群居性，在被害植株内常有数条乃至数十条聚集在一起。成虫具趋腐性，喜欢在潮湿、弱光及有腐烂物的环境中活动。

（3）防治方法

①避免连作，实行 3～4 年轮作。

②春播地区于秋季深耕翻地，消灭越冬虫蛹及幼虫。秋播地区于夏季深耕翻地，实行晒垡，消灭残留在土壤中的虫蛹及幼虫。

③大蒜生长期间加强除草、松土，使植株根际周围的表土干燥，抑制虫卵孵化及幼虫活动。

④成虫期喷洒 80% 敌敌畏乳油 1000 倍液；幼虫期用 50% 辛硫磷乳油 800 倍液灌根。

6. 轮紫斑跳虫

大蒜轮紫斑跳虫主要危害蒜苗。

（1）危害症状：一般是群集在蒜苗下部 1～5 片叶上，主要啃食叶肉，使之形成小孔逐渐向基部扩展。危害严重时，每株受害蒜苗上有虫数十只乃至上百只，将叶肉啃食殆尽，只留下叶脉，使叶片成为网状，最后叶脉也干枯，致使整个蒜苗枯死。

（2）发病规律：轮紫斑跳虫多数群集生活于低洼潮湿的土壤

内，但土壤水分过多时，也不利于其生存和繁殖。以成虫及若虫在土壤下越冬，其抗寒性较强。在10℃左右开始活动，20～27℃其活动性强烈。早晚和夜间为害严重，白天较轻。

（3）防治方法

①实行轮作，深翻地，消灭越冬的成虫和若虫，减少虫源。

②使用经过充分腐熟的有机肥作底肥，进当控制灌水，加强松土保墒，防止土壤表层过分潮湿。

③轮紫斑跳虫以在基部第1～4叶分布最多，越往上部分布越少，摘除脚叶可以减少虫源和田间虫量。

④加强田间管理，改善田间土壤通透性，降低土壤湿度；及时清除田间和田埂杂草，发现病苗及时拔除；增施肥水，增强蒜株抗病力。

⑤发病初期喷洒80％敌敌畏乳油1000倍液，或40％乐果乳油1000倍液，或用50％甲胺磷乳剂与2.5％敌杀死混配喷施。重点喷洒植株下部叶片及植株周围地面，消灭其中的成虫及若虫。每隔7天左右1次，连续防治2～3次。

7. 蛴螬

蛴螬是金龟甲的幼虫，别名白土蚕、核桃虫。成虫通称为金龟甲或金龟子，食量很大，是大蒜中危害较大的害虫之一。

（1）危害症状：蛴螬咬食种蒜、幼苗嫩茎，当植株枯黄而死时，它又转移到别的植株继续危害。此外，因蛴螬造成的伤口还诱发病害发生。

（2）发病规律：蛴螬种类多，在同一地区同一地块，常为几种蛴螬混合发生，世代重叠，发生和危害时期很不一致。

（3）防治方法

①避免施用未腐熟的有机肥。

②注意茬口安排。前茬为豆类、玉米、花生、甘薯的地块，蛴螬危害较严重。

③选择能散发氨气的氮肥，如氨水、碳酸氢铵、腐殖酸铵等散发出的氨气对蛴螬有驱避作用。

④用 90%敌百虫 100～150 克加少量水，拌细土或谷子，撒在地面诱杀。

⑤蛴螬严重的地块，用 50%辛硫磷乳油 800 倍液或 90%敌百虫晶体 800 倍液或 50%西维因可湿性粉剂 800 倍液灌根。

⑥在成虫较为集中的地方，喷洒除虫菊酯类杀虫剂。

8. 潜叶蝇

潜叶蝇又称斑潜蝇，俗称夹叶虫、叶蛆，在不同的年份危害差异较大。

(1) 危害症状：以幼虫危害，幼虫在叶内潜食叶肉，曲折穿行，叶肉被食后，只剩下 2 层白色透明的表皮。严重时，每叶片可遭受 10 多头幼虫的潜食，致使叶片枯萎，影响光合作用，降低产量。

(2) 发病规律：豌豆潜叶蝇 1 年发生多代。北方多以蛹越冬，南方以蛹或幼虫越冬。早春天气转暖后，成虫出现，在大蒜叶片背面产卵，多数产在叶片背面边缘的叶内组织里。该虫对温度敏感，一般春秋季节危害严重，夏季较轻。

(3) 防治方法

①清除田间受害叶片，集中深埋或烧毁，消灭幼虫和蛹。

②在成虫产卵盛期至卵孵化为幼虫的初期，可用 20%氰戊菊酯乳油 3000 倍液，或 40%乐果乳剂 1000～1500 倍液，或 20%速灭

杀丁 1500 倍液，或 80％敌百虫可湿性粉剂 1000 倍液，或 80％敌敌畏乳剂 800～1000 倍液，或 2.5％溴氰菊酯乳剂 3000 倍液。每7～10 天喷 1 次，连喷 1～2 次。

9. 螨

危害大蒜的螨类害虫主要有根螨、腐嗜酪螨、瘿螨 3 种。

（1）危害症状

①根螨：分布广，繁殖快，危害重，是大蒜田间及贮藏期间的危险害虫。成螨体长 0.58～0.81 毫米，宽卵圆形，似洋梨状，表面白色，光滑发亮，有 4 对短而粗的足卵椭圆形，长约 0.2 毫米，乳白色，较透明。成螨及若螨蛀食大蒜植株的鳞茎，使被害鳞茎腐烂发臭，地上部枯萎死亡。贮藏蒜头被害时，在潮湿条件下也会腐烂发臭，在干燥条件下则成为空壳。

②腐嗜酪螨：为世界性害虫，分布广，繁殖快，危害重。主要危害贮藏蒜头，近年来在大蒜田间也有发生。成螨卵圆形，体长 0.51～0.61 毫米，宽 0.27～0.29 毫米。体表光滑，乳白色，半透明，有 4 对短而粗的足。卵长椭圆形，长 0.09～0.12 毫米，宽0.05～0.08 毫米，乳白色。成螨及若螨危害蒜头时，初期蛀食蒜瓣表面，以后逐步蛀入蒜瓣内部，形成许多不规则的孔洞。被害蒜头在潮湿条件下腐烂，在干燥条件下则枯黄干瘪。在田间，植株鳞茎基部受害后，则引起腐烂发臭，导致植株枯死。

③瘿螨：又叫郁金香螨，分布广，为世界性害虫。除危害葱蒜类蔬菜外，还危害麦类、玉米及树木等。成螨体型很小，为胡萝卜状乳黄色蠕形虫。雌螨在蒜瓣表面产卵，多为单粒，极少数产卵成堆。卵近球形，乳白色，略透明。初孵出的若螨无色，半透明，脱皮后逐渐变为乳白色，随着螨龄的增大，体色略有加深。以成螨及

若螨危害贮藏的蒜头，有时田间蒜头也可受危害。多从蒜头的茎盘边缘缝隙处入侵，在蒜瓣基部的肉质部刺吸汁液，以后逐渐转移到蒜瓣的尖端部危害，使蒜瓣逐渐萎蔫、变褐、干枯，蒜头成为空壳。在湿度高的条件下，被害蒜头的伤口还会感染许多病菌，使蒜头腐烂发臭。瘿螨还是病毒病的传毒媒介，带毒量大，传毒快，毒期长，危害重，对大蒜的传毒率达 100%。凡被瘿螨危害过的大蒜，播种后长出的幼苗呈现多种病毒病症状，生长缓慢，不抽薹，不形成蒜头，或形成独头蒜。

（2）发病规律

①根螨：以成螨及若螨在大蒜植株内或土壤中越冬，也可以卵在大蒜鳞茎内越冬。成螨在大蒜鳞茎基部的凹陷处产卵，多为单粒或数粒，每个雌螨约产卵 600 粒。一般为 20～30 天繁殖 1 代。发育适温为 20～25℃。易发生在有机质丰富的酸性沙质土壤中。

②腐嗜酪螨：以卵、若螨或成螨在蒜头内越冬。成螨在大蒜鳞茎茎盘上的蒜瓣基部缝隙处产卵，或在被害部位的孔洞中产卵，多数产卵成堆，少数为单粒。每头雌螨产卵 85～100 粒。繁殖适温为20～24℃，最适空气相对湿度为 80%～90%。腐嗜酪螨具群居性，喜生活在潮湿霉烂的环境中。

③瘿螨：繁殖的最适气温为 15～20℃，最适空气相对湿度为70%～95%。气温低于 3℃、空气相对湿度低于 60% 时，生育停止。

（3）防治方法：根据大蒜螨类害虫可在蒜头贮藏期间发生，又可在田间生长期间发生的特点，防治工作可以从以下几个方面进行：

①蒜头贮藏期间如发现螨类危害时，可用硫磺粉熏蒸。每 1 立

方米空间用硫磺粉 100 克，加入少量锯木屑，拌匀后装在容器中，放在蒜头贮藏室内，点燃后将门窗封闭，熏蒸 24 小时，杀螨效果达 100％，但对卵无效，可待卵孵化后再熏蒸 1 次。

②不与大葱、洋葱、韭菜连作，也不要毗邻种植，实行 3～4 年轮作。

③播种前严格选种，淘汰有病、虫的蒜瓣，再将入选种瓣用 80％敌敌畏乳油 1000 倍液浸泡 24 小时，杀螨效果可达 100％。掰蒜后剩下的蒜皮、蒜根、蒜薹残桩及茎盘要全部集中烧毁，以减少浸染源。

④播种时先在播种沟中均匀撒入辛硫磷颗粒剂，每亩 3～4 千克。

⑤大蒜在田间生长期间用 80％敌敌畏乳油 300～400 倍液灌根。

⑥及时清除田间被害植株，烧毁或深埋，以减少螨源。

第三节　蒜田草害的控制

1. 蒜田草害特点

杂草与大蒜争光、争水、争肥，不仅加剧病虫害，而且妨碍农事操作。如果错过除草适期，草害得不到有效控制，一般减产 10％～30％，严重时达 50％以上。

（1）早期为害重：早秋杂草在大蒜尚未出苗就发生，且比大蒜快且旺，竞争优势强。此时蒜叶窄，冬前不易形成郁蔽，处于劣势。

（2）发生为害期长：秋播蒜田可分早春、晚春、早秋、晚秋 4 个草害期。

（3）多草为害：蒜田阔叶类杂草有牛繁缕、猪殃殃、荠菜、婆婆纳、大蓟、小旋花、播娘蒿等，禾本科杂草有硬草、看麦娘、燕麦、野燕麦、马唐、狗尾草、牛筋草、三棱草等。阔叶类杂草和禾本科杂草分期出苗，很难用除草剂一次全消。特别是旋花科和菊科的一些杂草，对蒜田常用除草剂不敏感，防除适期短，防治难度更大。

2. 综合防除技术

（1）农业防除法

①轮作换茬：与非葱蒜类旱作轮作一般需 4 年以上，水旱轮作一般需要 3 年以上，才能有较好的效果。

②深翻整地：深翻可以将表土层及种子翻入 20 厘米以下，抑制出草。化学除草中芽前土壤封闭要求地平、土细，利于土表药膜形成，除草效果好。

③适期播种、合理密植：在腾茬后，于杂草自然萌发期适期播种，消灭部分已萌发的杂草幼苗。同时依栽培方式和收获目标的不同，进行相应的合理密植，创造一个有利于大蒜生长发育而不利于杂草生存的环境。

④覆草（或地膜）：秋播蒜时覆 3～10 厘米厚的稻草、玉米秆等，不仅能调节田间温度、湿度，而且能有效地抑制出草。地膜蒜田草害严重，应推广除草药膜和黑色地膜或光降解地膜，使增温保墒和除草及环保有机结合。

（2）化学防除法：使用化学除草剂是防除大蒜田间杂草的有效途径之一。目前比较理想的蒜田除草剂有旱草灵、蒜草醚、恶草灵及果尔等。

①旱草灵：40％旱草灵乳油可用作土壤处理或出苗后喷施。露

地栽培大蒜从播种后出苗前及 1～2 叶期以后的生长期间，都可以施用，最佳施用期为大蒜开始零星出苗时。喷药应选晴天进行，高温干旱时应在傍晚喷施，以免阳光暴晒使除草剂挥发损失。

已出苗的杂草，一般喷旱草灵后 2～3 天便被杀死，如果在 4～5 天之内有的杂草还未被杀死，说明旱草灵对它无效。对发芽前的杂草，旱草灵的药效期较长，当土壤湿度适宜时，可达 140 天以上，如果土壤干旱，药效期仅有 60～90 天。

施用旱草灵 1 天以后，如遇小到中雨，不需要重新喷药；如果喷药后在 1 天以内遇大暴雨，叶面的药液会被冲刷掉，应在雨停后补喷，药液浓度为原来浓度的一半。

地膜覆盖栽培的大蒜，在播完大蒜后灌水，待水渗完后喷旱草灵，喷药后 2～3 小时盖膜。施药后如遇大雨，应立即排水，防止积水流入膜内，以防天晴后温度突然升高药液会伤害大蒜。

②蒜草醚：蒜草醚可用作土壤处理或出苗后喷施，露地栽培大蒜，蒜草醚可用于土壤处理或 1～2 叶期以后处理。如在间套作田中喷药，应按大蒜实际面积计算用药量。

喷蒜草醚 4 小时以后如降小到中雨，一般不会降低药效。如在喷药后 4 小时之内降大到暴雨，土壤表层的蒜草醚可能被冲掉，使药效降低，需在雨停后补喷，药液浓度为原来浓度的一半。

地膜覆盖栽培的大蒜，播种后先灌水，待水渗完后喷施蒜草醚溶液。

③恶草灵：25％恶草灵乳油可用作土壤处理或出苗后喷施。露地栽培大蒜在播种后出苗前及幼苗生长期均可施用。最好在播种后 15～22 天喷药；此时有一部分杂草已出苗，但苗小，易被杀死，同时可消灭土壤中已发芽尚未出苗的杂草。实际用药量及兑水量应

根据土质及土壤湿度决定，黏土、土壤湿度大时少用些，沙土、土壤湿度小时多用些。

地膜覆盖栽培的大蒜，施用方法同旱草灵。

④果尔：据报道，在大蒜播种后、发芽前或2叶1心期至3叶1心期喷施，对蒜地杂草的防效达90%以上，而且对大蒜安全。

（3）蒜地使用化学除草剂的注意事项

①蒜地的杂草种类很多，有单子叶杂草、双子叶杂草、1年生杂草和多年生杂草，所以应当选择能兼除几类杂草的除草剂。如果长期使用某一种除草剂，则会使蒜地杂草的种类和群落（或称种群）发生变化，从而增加除草的难度。因此，除草剂以轮换施用或混合施用较好。

②目前蒜地禁用的除草剂有绿黄隆、甲黄隆、百草敌、2甲4氯、苯达松、嘧黄隆、巨星、拉索、2，4-D、乙草胺和西玛津。

③除草剂的保存年限和保存方法会影响到防除效果。除草剂在室温下可以保存2~3年。原装乳油一般3~4年不会失效；粉剂或分装过的乳油最好在2年内用完。每次用过后要盖紧瓶盖并包扎塑料薄膜，防止药液挥发。

第五章　蒜薹和蒜头的贮藏

蒜薹和蒜头生产的季节性强，收获期集中，在自然条件下，蒜薹保质期很短，一般超过 10 天薹苞膨大、薹条萎缩且木质化，有的因堆积不透气而腐烂，失去食用价值。蒜头收获后经后熟期、休眠期、醒眠期和发芽期等 4 个生理阶段。在醒眠之前可以自然贮藏，但品种间休眠期长短不一，差异较大，蒜头醒眠后若不采取保鲜措施来抑制其生根发芽，蒜头也将失去食用价值；在自然堆（挂）藏过程中，蒜头易遭受空气中各种霉菌侵染而失去商品价值。因此，蒜薹和蒜头收获后要及时采取有关保鲜措施进行贮藏，以免影响其均衡供应和造成不必要的经济损失。蒜头在一般自然条件下，可贮藏 3～6 个月；在恒温库中蒜薹的贮藏期长达 10 个月，基本做到了周年供应。

第一节　蒜薹贮藏

蒜薹又称蒜毫，一般采收后在 25～30℃和正常环境下存放 7 天后便会失去商品价值。采用低温贮藏可使蒜薹贮藏期达 9～10 个月以上，甚至达到周年贮藏。

一、蒜薹贮前的准备

1. 贮藏设施

（1）目前蒜薹多采用冷库贮藏。贮藏冷库多为砖混结构，库体多用 400～600 毫米宽夹墙隔热，沥青毡油做防水层，内填充珍珠岩。近年来修建的多为聚氨酯隔热板组合冷库。

（2）蒜薹冷库多是单层建筑，高 6 米，单个贮间多在 50 吨以上。近年来推广的 15～20 吨微型冷库，因入库管理经常开门，库温波动较大，贮效差。

（3）制冷设备均多采用氨压缩机，柜式蒸发器，库顶纵向吊挂配风筒等。

（4）贮架多用角钢焊接。

2. 贮藏要求

（1）品种：选用耐藏性能好的蒜薹如苍山蒜薹、阿城蒜薹等可贮藏 280～300 天，甚至周年贮藏。

（2）生长期气候：生长期相对低温、干旱比高温、多雨的耐藏。

（3）成熟度：收贮蒜薹以成熟度适中、健壮为好，偏嫩、偏老均不适贮藏。

（4）采收期：蒜薹采收过早，茎嫩易断，含水量高，达不到质量标准，耐贮性差，商品价值低。采收过晚，薹苞膨大，基部发白纤维化，薹茎老化，失去食用和商品价值。蒜薹成熟期短，一般采收期只有3～5天，尤以前 1～2 天采收的耐藏性强。适采期遇雨延期采收，将使蒜薹偏老，降低耐藏性。

3. 冷库准备

贮前半个月，对所有设备进行安全检查，不合格的要立即更

换。然后，对库、架、袋等进行全面清洗和消毒处理。新冷库第一次用可不进行消毒，但前一年贮藏过其他果品蔬菜的冷库，要彻底消毒。选用消毒药品时最好每年选用一种不同的灭菌方法。

（1）冷库消毒

①保鲜灵烟剂熏蒸法：在冷库走道中按每平方米 5～7 克，每处 0.7～1.0 千克堆置保鲜灵烟剂，堆置时将其垒成塔形，点燃最上面的一块，让其自燃冒烟，关闭库门 4～5 小时后，开启风机，使烟雾均匀扩散其间。该法灭菌效果和经济效益都非常显著。

②硫磺熏蒸消毒法：每平方米用硫磺 5～10 克，加入适量锯末，置于陶制器皿中点燃，密闭库房熏蒸 24 小时，然后打开库门放出残气和刺激气味。再用食醋每平方米 5 克进行熏蒸，一是灭菌；二是校正气味。

③福尔马林（甲醛）水溶液喷洒冷库：按甲醛：高锰酸钾＝5：1 的比例配制成溶剂，以每立方米 5 克的用量熏蒸冷库 24～48 小时。

④漂白粉消毒法：用 1%～2% 漂白粉水溶液喷洒消毒。

⑤过氧乙酸消毒法：1 份双氧水加 2 份冰醋酸混合后，按混合液总量的 1% 加入浓硫酸，再在室温静置 2～3 天即得 15% 的过氧乙酸，然后再将其稀释到 0.5%～0.7% 浓度时即可，用量为每平方米 1 毫克，用喷雾器将药液喷洒墙壁、货架、地面、天花板。或用 20% 的过氧乙酸 5～10 毫升/立方米用电炉熏蒸消毒。

⑥用 5% 的仲丁胺按 5 毫升/立方米用量熏蒸冷库 24～48 小时。

（2）蒜薹入库前 2～3 天，消过毒的冷库要降温到 0～－2℃，以防止蒜薹入库时使库温回升过快、过高。

4. 蒜薹的采收

（1）采前处理：蒜薹第一次采收前 20～30 天，第二次采前 1～

5 天，要喷洒速克灵、复方多菌灵、甲基托布津等消灭田间霉菌。

（2）采收标准：成熟适度，色泽鲜绿，质地脆嫩，基部不老化，薹苞不膨大，薹白少，无病害，薹茎粗细均匀，薹苞以下长度不小于 30 厘米，一般长 40～50 厘米为宜。

（3）采收方法：蒜薹的采收宜在晴天的 10：00～18：00 时采收为好，切忌雨后或带露水采收。采收时用手抽拉薹茎，使其从离层处断裂抽出。边采边绑成 1.0～1.5 千克的小把，放在阴凉处临时码放，避免强光暴晒。

5. 贮前处理

（1）散热：当天采收的蒜薹运到冷库分选场不能超过 24 小时（在冷库旁通风、阴凉、平坦的地方建立分选场，分选场最好搭建阴棚，蒜薹运到冷库后，立即下车，将其摊放在分选场，尽快散除田间热）。

（2）分选：组织人员在阴棚下进行选条、捆把和修剪等工序。解开薹梢，理顺薹茎，扒掉残留的叶鞘，剔除不宜贮藏的伤条、病条、开苞条、退色条、软条等薹条。将选好健壮的薹条薹苞对齐，用聚丙烯塑料纤维绳捆在薹苞以下 3～5 厘米处的薹茎部位，每捆重量 1.0～1.5 千克，捆把不可太紧，以免勒伤蒜薹。同时剪去薹条基部老化的薹白，凡基部干萎、断口不整齐、呈斜面或鼠尾状的必须剪掉，剪口要与薹条垂直，不要剪成斜面。若断口新鲜整齐，或断口已形成愈伤组织可以不剪，薹梢剪留长度 10～12 厘米。处理好的蒜薹定量放入周转箱内，立即送入冷库上架预冷。

（3）预冷、杀菌：预冷是蒜薹贮藏非常重要的环节，其目的是尽快除去蒜薹带来的田间热，降低呼吸强度，提供一个接近贮温的装袋温度，避免贮期袋内结露。预冷温度 0～-1℃为宜。蒜薹入库

后上架摊开预冷，薹梢向外，不要在库内地面堆积预冷，预冷时间以蒜薹冷透为准。

在蒜薹入库架上预冷期间，在库内要进行密闭杀菌处理，目前生产中主要使用烟剂和液剂两种杀菌剂。烟剂产品有"敌霉灵"（5克/立方米）、"绿鲜宝"（0.2克/千克蒜薹或7～9克/立方米）、"抗霉灵"（0.4～0.5克/立方米）、"CT-蒜薹保鲜剂"（3～5克/立方米）。液剂主要产品有"949蒜薹保鲜剂"（稀释100倍液，10万千克蒜薹/千克原液）、"FK蒜薹保鲜剂"（原药A、B液分别稀释15～20倍，混匀，喷8000千克蒜薹/千克原药液）、"CT-蒜薹保鲜剂"（用量稀释30～50倍液，喷6000千克蒜薹/千克原液）。

（4）注意事项

①每天入库量占库容15%为宜，不可太多或频繁进出，以免引起库温波动。

②架上预冷温度不能低于−1℃或高于1℃。

③货架要光滑，无尖棱、尖角和铁丝等物，最好用消过毒的废旧塑料薄膜将架子垫（或绑）上，使之光滑。

④预冷时不要将蒜薹放在蒸发器附近的架子上，以免冻害，机房要随时掌握入库量和库温情况，少开冷风机。

二、蒜薹贮藏期管理

当预冷的蒜薹堆内温度达到0.5～0℃时即可装入用透气膜材料制成的保鲜袋或硅窗袋内。当然也可用0.06～0.08毫米厚的PE膜或用0.05毫米厚的PVC保鲜膜包裹。

1. 硅窗塑料袋贮藏保鲜

（1）硅窗袋的制作：膜硅窗袋是根据一定的贮量和温度条件，

在聚乙烯塑膜袋上镶嵌一定面积的硅橡胶薄膜（简称硅膜），形成硅膜气体交换窗（简称硅窗），使袋内氧气和二氧化碳维持在一定范围内，从而免去气调贮藏的许多昂贵的设备和烦琐的放袋换气、擦"汗"的操作，降低成本，提高好菜率和商品率（达98%）。尽管薹梢霉变较明显，但损耗低，感官质量高，经济效益显著。近年主要推广使用 PVC 膜硅窗袋。

在长 100～110 厘米、宽 70～80 厘米的聚乙烯袋上开一个窗口，再将一块比该窗口略大些的硅膜用高频电子热合机热合黏接在其上即可。窗口面积依贮量和贮温而定，一般贮量 20 千克的袋，开窗面积为 100 平方厘米（10 厘米×10 厘米）。若袋积和窗面一定后，每袋贮量也一定，要严格称量装袋，不得随意增减。

（2）装袋方法：使用硅窗气调袋贮藏蒜薹要求架上预冷，架上装袋，不要架下装袋。

薹梢发干后要及时装袋，装袋要求理顺薹条，薹梢朝外，感官整齐。装薹条要装到袋底，装口处尽量留出空隙，扎口处避免紧贴薹梢，以防薹梢贴膜引起霉变，一般要求袋口处有 5～10 厘米的空间，每袋装量要基本一致，以使袋内气体容量基本相同。装袋后临时将袋口挽起，以防止蒜薹失水和袋内结露积水。装袋结束后，待库温、品温均降至接近贮藏温度再扎封袋口，否则会造成袋内早期结露。

（3）贮藏管理：主要包括温度管理、气体管理、湿度管理等。

①温度管理：该法对温度控制要求严格，库温宜稳定在 0～0.5℃，均温降到 0℃以下（-0.25℃），对减轻蒜薹的变化是极为有利和重要的。故要求在库内使用经过校正的精密温度计（最小刻度为 0.1℃）测定温度，每天 3 次，取其平均值。

库温管理还要注意，前期可稍低些，中、后期应适当提高温度下限，防止蒜薹受冻。还要注意库温和品温往往有差别，前期袋内品温可能略高于库温，中后期袋内、外温度可能无差别。

②湿度管理：库内相对湿度要求在90%～95%，可用冷库专用湿度计或毛发湿度计测定。因硅窗袋贮法扎袋封口后一般不开袋换气，故袋内湿度较高，有利于蒜薹保湿而不致失水。若库湿过低，具有良好透性的硅窗会加快袋内湿度与库湿平衡，而致蒜薹失水萎蔫老化；若库湿过高，又会通过硅窗而致袋内湿度上升，从而恶化袋内微气候，增加烂耗和降低保鲜效果。因此，湿度达不到时，立即采用冷库内撒水、机械喷雾、挂湿草帘等方法增加湿度；过湿时，可在库内均匀布置一些干燥剂或生石灰吸湿等。

③气体管理：蒜薹贮藏适宜的气体成分为氧气2%～5%，二氧化碳5.0%～6.5%。当袋内氧气低于2%，或二氧化碳高于7%时，要进行换气。注意换气时不要降低库温，雨天、雾天、中午高温时间不宜换气。袋内结露多因库温变化波动过大引起的，这对蒜薹贮藏极为不利，一旦发生结露，就要打开硅窗袋，用消过毒的毛巾擦干。贮藏前期每月定点检查一次，贮藏后期半个月定点检查1次，每月抽样检查1次，发现霉变、腐烂现象时全面检查，烂薹要及时挑去。

2. 保鲜塑料袋贮藏保鲜

保鲜塑料薄膜袋具有适度的透气性和透湿性，能防止袋内大量结露，在贮藏期间不用放风即能自动调节气体成分，达到10个月以上的保鲜效果。

（1）装袋：蒜薹预处理同前。在货架上每袋装蒜薹15千克，待库温和薹温均降到0℃左右时再扎口封袋，扎口位置要离薹梢有

5～10厘米的距离，防止薹梢紧贴袋口而造成霉烂。为确保袋子的气密性，入贮结束后要逐袋查漏，发现漏气及时更换。

（2）贮藏管理

①温度管理：库温宜稳定在0～0.5℃，温差不超过±0.5℃，并通过开动冷风机等方式均衡库房内各部位的温度。靠近冷风机、冷风口的蒜薹要用棉被或麻袋等遮挡，防止受冻害。

②湿度管理：库房内相对湿度宜保持在70%～85%，以利于保鲜袋适当向外渗透袋内过多的湿气。

③气体管理：蒜薹装入保鲜塑袋扎口20天后二氧化碳浓度略偏高，以后逐渐下降，并稳定在氧气1.6%～3.0%、二氧化碳6.6%～7.4%的范围内。但要注意不同产地、不同批次、不同库位的蒜薹应分别设立代表袋，每隔5～7天检测1次氧气和二氧化碳浓度，供管理时参考。

三、蒜薹贮期病害防治

蒜薹贮藏要求低温、高湿、低氧气、高二氧化碳条件，一旦管理不善，易遭受生理性和病原性病害的为害，若防治不及时，措施不得力，有的甚至整库烂薹，造成惨重的经济损失。

1. 霉菌

霉菌主要病原是灰霉菌、白霉菌和黑霉菌等，可导致薹苞膨大发黄、薹梗发糠、变色。薹基至薹梢霉变，薹基霉烂。高温、高湿、氧气含量高和机械伤害都易发霉变。

防治措施：打开袋口，加强通风，同时再次使用熏蒸剂处理。霉菌一旦发生，要尽早出库。

2. 二氧化碳中毒

缺氧、高二氧化碳，二氧化碳与袋内蒸汽水结合碳酸将液滴在

蒜薹上，可致薹苞褪绿转灰白，逐渐呈湿润灰死状，薹条先呈现黄斑点，进而呈不规则凹陷斑，萎软、水渍状，甚至呈现断条，表皮易脱落，最后水烂条。

防治措施：当袋内二氧化碳浓度高于 8% 时及时放风，排除二氧化碳。发臭的蒜薹不能续贮，应及时处理掉。

3. 低温冻害

蒜薹冰点在 $-0.8 \sim -1.0$ ℃，不同产地、不同采收期、不同成熟度的蒜薹冰点不同；入贮初期蒜薹抗低温能力较强，贮藏中后期往往易发生冻害，可致薹梗墨绿发硬，甚至"起泡"，袋内积水，取出后软化，呈半透明水煮状。轻微、短时冻害可缓慢解冻恢复，严重、长时冻害将使组织坏死，无法复原。

防治措施：轻微时缓慢升温解冻，复原后仍可续贮；重者待复原后及时出售处理。

四、出库

贮藏期的长短是品种、蒜薹质量、贮藏条件等方面的综合反应。耐贮品种如苍山、阿城蒜薹可贮藏 280～300 天，甚至周年贮藏。贮藏期间如发现霉变、腐烂时要立即出库销售。

贮藏蒜薹一般春节期间出库，出库后要进行运输。如用卡车长途运输可包装棉絮在库内预冷 10～12 小时，装车时将棉絮铺在车板上，其上整袋码放蒜薹，蒜薹装满车厢后，上部再覆盖棉絮，最外部用苫布盖严即可。

第二节　蒜头贮藏

所有需要贮藏的蒜头必须完好，无虫，无虫害，干净、结实、无冻伤、日灼伤、不发芽、干燥、无异嗅或异味。

一、蒜头贮前的准备

蒜头成熟时，外部鳞片逐渐干枯成膜，可防止内部水分蒸发、隔绝外部水分、病菌侵入，进入生理休眠期。蒜头一般有 2～3 个月休眠期，在 3～20℃，只要休眠期已过，便会迅速发芽，消耗蒜头中的营养物质，导致蒜头萎缩、干瘪、失去食用价值。若温度低于 −5～−7℃，其正常的代谢活动会被破坏，发生冷害或冻害，故蒜头贮藏的适宜温度为 0～−2℃。理想的空气湿度是低于 80%，若湿度过大，对蒜头的呼吸、蒸发、生理休眠的解除等都有积极的加强与促进，且易引起致病微生物的活动，从而导致生霉、腐烂变质。除此之外，气体成分也是影响蒜头贮藏的因素之一。空气中的氧气和二氧化碳的浓度，对蒜头的呼吸强度、发芽、致病微生物活动均有很大的影响。试验表明，贮藏环境中，氧含量不低于 2% 的情况下，愈低、愈能抑制蒜头发芽。二氧化碳浓度在 12%～16% 时，蒜头有较好的贮藏效果。

1. 适期收获

采收时间对蒜头的贮藏很重要。若采收时间过早，叶中养分尚未完全转移到蒜头中，造成蒜头不成熟，蒜头含水量高，不仅产量降低，而且也不耐贮藏。若采收时间过晚，鳞膜易开裂，使蒜头易过早萌发，也降低耐贮性。若遇雨或高湿环境，鳞膜变黑，蒜头开裂炸瓣，也不利于贮藏。一般适宜的收获期是蒜薹收获后 20～25 天左右，叶片松萎、假茎松软为宜。

2. 适度晾晒

采收后应在田间晾晒几天，促进蒜头迅速干燥及进入休眠。最

好暴晒或人工干燥，创造30℃以上的高温、50％左右的空气相对温度，以加速蒜头干燥。晒至茎叶变软又不易折断即可。

二、蒜头贮藏方法

蒜头的贮藏方法很多，根据贮藏目的及条件，可分为自然贮藏法、冷藏法、气调冷藏法、辐照处理保鲜法、化学处理保鲜法等，可根据各自条件进行选择。

1. 自然贮藏法

自然贮藏保鲜法即处理是利用蒜头自身休眠特性，简便易行，成本低，但贮藏期较短，南方地区易发生蒜头虫蛀和霉变，北方地区易发生冻害。因此，该法贮藏蒜头的质量难以保障。

（1）土埋法：于10月下旬在避风向阳处挖一个40～50厘米深的土坑（坑的长度、宽度视贮藏量而定），坑挖好后及时将晾干的蒜头倒入坑内（坑内置放蒜头的厚度为15～20厘米），上面覆盖一层15～20厘米厚的土，再在土上浇水至饱和状态，最后用塑料薄膜覆盖严密。按上述方法可将蒜头贮藏至第二年清明。

（2）糠埋法：埋藏沟的宽度为1～1.5米。蒜头埋藏后，不能随时进行检查，为避免在贮藏中的腐烂损失，应该在埋藏前严格挑选那些无病、无损伤的蒜头进行贮藏。首先在沟底部铺一层2厘米厚的砻糠，然后一层蒜头一层砻糠，层层堆至离地面5厘米左右时，用砻糠覆盖，不使蒜头暴露在空气中。造成一定的密封条件，抑制蒜头的呼吸作用，降低氧气含量，有利于贮藏环境中二氧化碳的沉积，为蒜头贮藏提供良好条件。

（3）挂藏法：采收后的蒜头选蒜瓣肥大、色泽洁白，无病斑无伤口的贮藏，蒜头发黄、发软，茎盘变黄，霉烂蒜头都要剔出。在阳光下晒 2～4 天，使叶鞘、鳞片充分干燥失水，然后每 100 头蒜编成一辫，每两辫合在一起（切忌打捆）。在阴凉、干燥、通风好的房屋或阴棚下支架，将蒜辫挂在架上，蒜辫不要接触地面，四周用席围上，不能靠墙，防止淋雨或水浸。这种方法，简单易行，贮藏期间不翻动，管理粗放。

（4）架藏：预藏方式和挂藏一样，编组成辫，但场地要求高，通常选择通风良好、干燥的室内场地，有通风设备的室内场地更好。室内放置木制或竹制的梯架，架形有台形梯架、锥形梯架等，梯架横隔间距要大，以利空气流通。将编好的蒜辫分岔跨于横隔上，摆放不能过密，周围不能接触地面和墙壁。贮存初期每隔 2～3 天上下倒翻一次，并随时剔出腐蒜、病蒜，注意通风，忌受潮湿。

（5）围席囤藏法：选择地势较高、土质干燥、排水性能良好的场地。地面垫上木板，上面铺好秸秆，然后用秸秆帘子编成直径 100 厘米左右，高约 150 厘米的圆囤（每囤可贮蒜头 800～1000 千克），将采收晾干的蒜头装入囤内，四周用席子围上，用绳子纵横扎紧。封囤要严密，防止日晒雨淋。贮藏初期每隔 2～3 天倒囤一次，及时排出囤内湿气，剔除腐烂蒜头。

（6）窖藏法：在寒冷的东北地区窖藏较为理想。窖址一般选择土质坚硬、地势较高、干燥的地方。蒜头在窖内可散堆，也可以装袋码垛。在窖底铺一层干稻草、麦秸或谷壳，然后一层蒜头、一层稻草（麦秸）或谷壳码放。不要堆得太厚，堆也不要太大。要经常检查，及时清理腐烂的蒜头。该法灵活利用自然和人为创造的条件，简便易行，效果较好，但不能保证春节期间及正月应市，有一定的推广应用价值。

2. 冷库冷藏法

用机械制冷的冷库贮藏大蒜是贮藏的一种较高级方法。由于冷

库的温度易于控制，因此，对于延长休眠期、抑制发芽、减少养分和水分损失，防治病虫为害，防止病腐等都有很好的效果。在炎热的夏季及我国的南方，是理想的大蒜贮藏环境。缺点是投资大，贮藏成本高。

(1) 冷库预冷：大蒜需经预贮藏，然后进行预冷，使温度接近0～－2℃。

(2) 装袋：将收获晾晒的蒜头，去茎去根，剔除有机械损伤、腐烂及有病虫害的蒜头，然后按每袋20～25千克装入尼龙编织袋，扎好袋口，入库上架，货架要分层，最好每层货架堆放3～5层，以便快速降温。

(3) 贮藏管理

①温度管理：蒜头运入0℃左右的冷库内预冷2～3天后，将库温调至0～－2℃，并维持在此范围内。库内不同位置要分别放置温度计，保持温度均匀。蒜头出库前要缓慢升温，以防温度骤变而引起蒜头表面结露，影响产品的外观商品性而降低其商品价值。

②湿度管理：冷库内空气相对湿度最好维持在80%以下，最好在70%左右。若湿度偏低，可在库内适当洒水，以提高湿度；若湿度偏高，可在库内放置生石灰、二氯化钙吸湿，否则易致蒜头生病霉烂。

③气体管理：通常情况下，冷库贮藏以氧气3%～6%，二氧化碳10%～15%为宜。适当降低冷库的氧气含量，或者提高二氧化碳含量，可有效地抑制蒜头呼吸、防止蒜头发芽、控制致病微生物的侵害。一般冷库除要定期进行通风外，还要经常抽查蒜头，以观察质量变化情况，确保贮藏保鲜效果。

3. 气调冷藏法

对蒜头来说，塑料薄膜帐密封人工气调法是既经济又简单的气调贮藏法，它可以在无制冷设备的常温库、土窖洞或冷库中得到充分的应用。塑料大帐一般用0. 23～0. 4毫米厚的聚乙烯或无毒聚氯乙烯塑料薄膜做成长方体形（底为空，以便套装），在帐的两端分别设置进气袖口和出气袖口，供调节气体之用。

（1）蒜头入帐前需经预贮藏处理。把贮藏环境及塑料帐进行消毒，并检查塑料帐的气密性。

（2）蒜头按每袋20～25千克装入尼龙编织袋，先在地上铺一层垫底薄膜，再在薄膜上摆放一层垫木，然后将装入编织袋的蒜头码成垛，码好后用塑料帐罩住，帐子和垫底薄膜的四边互相重叠卷起用土压严，或用其他重物压紧，使帐子密闭。

（3）扣帐后，应每天定时测定帐内氧和二氧化碳的浓度。当帐内氧浓度低于2％时，打开帐子袖口调气。为了使帐内气体成分均匀，可采用鼓风机进行帐内气体循环。

（4）定期检查蒜的贮藏情况，发现问题及时排除。产品出库时应强烈通风后，才能出库。

4. 辐照处理保鲜法

辐照是一种节约能源、无残留、改善食品品质、彻底杀虫灭菌、适用于大规模连续加工的食品贮藏手段，具有适应性广、效果好的优点。目前国内用于出口的大蒜均用此法处理，有条件的贮户不妨一试。

（1）适时收获：当大蒜外皮老化失水变薄，但色泽尚新鲜开始生理休眠，这时应及时进行采收挖掘。大蒜头挖出后，束扎成捆，码成垛或编成蒜辫或捆成蒜把，晒后晾成足干，抖尽泥土；剪下蒜头整理、过筛。

（2）装箱（袋）：将蒜头按级别分级后，用编织袋、瓦楞纸盒、

白板纸箱、柳条筐或尼龙网袋包装，重量在 25～30 千克左右，用袋装的要扎紧袋口，以便于运输和辐射加工的工艺操作。

（3）辐照：大量试验表明，蒜头辐照保鲜以在生理休眠至休眠觉醒期甚至萌芽初期辐照为宜。其中休眠期较短的品种，8 月上旬前辐射有效；休眠期一般或较长的品种可在 8 月下旬前甚至 9 月上旬前辐照。如苍山蒜头在收获后至 8 月 20 日前，徐州白蒜在收获后至 9 月上旬进行^{60}钴 γ 射线辐照的保鲜效果最佳。

（4）辐照剂量：目前国内用 10000～20000 伦琴的^{60}钴 γ 射线照射，可抑制蒜头发芽，杀虫灭菌，使贮藏期达半年之久。

（5）辐照方式：有传输装置的，均采用积放式的照射；无传输装置的，均采用堆放式、定时换层换向的照射方式。早期（7 月）照射的50～60天，中期（8 月）照射的 30～40 天，后期（9 月）照射的 20～30 天，幼芽部分变褐即可。

（6）贮藏管理：由于蒜头辐照抑制了发芽，较耐高温也耐低温贮藏，故可在阴凉、通风干燥处短期堆藏。但考虑自然条件的差异及长期贮藏应设置堆房库，初期要注意防潮、散热、通风，堆房要设置对流的通气窗。堆垛以 6～8 袋高和 2 袋宽为宜，堆间留有通道，底部铺垫木板。整个贮藏期间选择晴天倒垛 1～2 次，排除堆内的湿热空气。这样可以贮藏 6 个月左右，到第二年春节出库时，仍可满足我国卫生部颁布的辐照蒜头卫生标准要求。

5. 化学处理保鲜法

常用的化学药剂为青鲜素水剂，对人畜毒性低。

（1）叶面喷雾法：在大蒜收获前 2 周，将青鲜素加水 120～180 倍稀释，喷洒大蒜叶面。这样处理后的蒜头可在室温下贮藏到次年 4 月中旬不抽芽，保鲜效果极好。

叶面喷雾时应注意几点：喷洒前 3～4 天不可浇水，若喷后 24 小时内遇雨，天晴后立即按原剂量补喷药液 1 次；严格控制青鲜素抑芽剂的浓度；处理后的蒜头，仍需存放在通风、干燥的环境中。

（2）蒜头浸泡法：蒜头收获晾干后，及时整理初加工，在用 2000～4000 毫克/千克浓度的青鲜素溶液中浸泡（药液要淹没蒜头 3～5 厘米）1 小时左右，捞出沥水、晒干后即可装袋室温贮藏，保鲜效果达 95％以上。药液可连续使用，不够了可再添加新配制的药液。

三、蒜头贮期病害防治

蒜头贮藏期病害主要有蒜头青霉病和曲霉病，虫害主要有螨类等，防治方法详见本书相关内容。

四、出库

蒜头出库后，为了便于销售，须进行分级、包装处理。

1. 分级

蒜头可分为三个等级。

（1）特级：此等级的蒜头具有上好的品质，横径 70 毫米以上，梗柄长 15 毫米以下。蒜头必须结实饱满、大小均匀、洁净，无任何缺陷损伤，允许表面上有细小瑕疵，这些瑕疵不会影响产品的整体外观、质量、保质期和包装外观。蒜瓣必须紧固密实，干蒜头的根部必须是沿蒜头根部进行切剪的。

（2）一级：此等级的蒜头良好的品质，横径 60 毫米以上，梗柄长 15 毫米以下。蒜头紧固密实、形状规则，允许有细微的缺陷损伤，而且不影响产品的外观、质量、保质期和包装外观。

（3）二级：此等级包括不符合特级、一级的质量要求，横径50毫米以上，梗柄长15毫米以下，且允许球茎外皮有裂痕或部分剥落、愈合的损伤、轻微擦伤、形状不规则、至多缺失3个蒜瓣等缺陷，但不至于影响蒜头的质量、保质期和外观的基本特征。

2. 包装要求

大蒜应按规格等级分别包装，单位重量一致，大小规格一致，包装箱或包装袋要整洁、干燥、透气、无污染、无异味，绿色食品标志设计要规范，包装上应标明品名、品种、净含量、产地、经销单位、包装日期等。

3. 运输

运输过程中避免与其他化学物质混装和接触。

第六章　大蒜加工利用

大蒜的加工可分为简单加工和精细加工两种。简单加工，一般都在家庭中进行，需要的设备简单。而精细加工则需要一定的设备、能源及人工等投资，但大蒜加工后产品比鲜蒜的价格高 2～10 倍以上。因此，通过加工使大蒜增值，对提高经济效益，拓宽出口种类具有重要意义。

第一节　简单加工

家庭对大蒜的简单加工，不仅能尽量地保持其营养成分，还有改进风味，增加色、香、味品质的良好作用，更加刺激人们的食欲。

一、糖醋蒜

1. 选料

糖醋蒜多选择皮色洁白、大小均匀、蒜瓣排列紧实的春天的新蒜头作为加工原料。每 100 千克蒜头可制成糖醋蒜头 70 千克。

2. 制作

（1）修整：将选出的蒜头先用刀紧贴蒜瓣去掉根部，保留 2 厘米长的假茎，剥掉外皮 2～3 层。修整后的蒜头要及时加工，放置

时间长、外皮干枯的蒜头，盐渍后肉质不脆，而且辣味重。

（2）浸泡：把去皮的蒜及时放入容器内，加入 2/3 的水进行浸泡，每天换水 2 次，连续浸泡 3～4 天，大蒜全部沉底，水不停地冒白泡为止。

（3）腌渍：浸泡好的蒜放入没有水的容器内，一层蒜一层细盐，盐的比例约为 8%。腌渍 8 小时后，放入微量的水，刚好能浸泡大蒜即可，腌渍时间为 24 小时，可以抑制蒜酶分解，防止蒜根部在糖渍时变化。

（4）晾晒：蒜头经腌渍后，摊开晾晒数天，每天翻动 1 次，夜间收入室内或妥为覆盖，以防雨露。

（5）糖水制作：每 100 千克晾晒后的蒜头用食醋 10～15 千克、红（白）糖 20～30 千克，水 60 升。先将水煮沸，再倒入食醋煮沸，然后加糖，温度降至 60～70℃时待用。

（6）封缸糖渍：浸渍容器最好用小口坛子。先将蒜头装入坛中，然后灌满糖醋液，使糖水超过蒜头 2～3 厘米，密封坛口。贮存 2 个月即为成品，表皮透明，蒜瓣洁白、有光泽，风味更佳。

二、腌蒜

1. 生盐腌制咸蒜

（1）选料：选完整、无病虫斑、无变质的鲜蒜头 25 千克。

（2）制作：去掉大蒜的根须和鳞茎、老皮，将处理好的蒜头放入缸（坛）中，搅拌均匀。装满缸后，兑入 5 千克盐加入 6 千克水，盐水和大蒜齐平即可。第二天用手贴缸边往下按蒜一次，14 天后蒜头自动沉底为止。鲜蒜入缸后要昼夜敞盖，便于散辣味，20 天后即可腌成。

2. 熟盐腌制咸蒜

（1）选料：选完整、无病虫斑、无变质的鲜蒜头。

（2）制作：将鲜蒜头放在阳光下暴晒5～6天，使一部分蒜皮因水分蒸发而自动脱落，筛去泥土和蒜皮后，再继续晒1～2天，待蒜皮全部脱落后即可腌制。将食盐（蒜头与食盐的比例为6∶1）放入锅内，加热炒拌，见盐色变黄焦时为止，去火。把大蒜放入锅中，用工具搅拌，直到大蒜头全部粘附食盐后，把大蒜取出，放在阴凉干燥处2～3天，再一层层放入缸（坛）中，密封4个月即可制成咸蒜。用这种方法腌制的咸蒜，颜色深红，有一种糊香味。

三、翡翠蒜米

1. 选料

选用无病斑、虫斑和变质的大蒜。

2. 制作

（1）预处理：选用分瓣去皮的蒜米5千克，再用2千克白菜绿叶切条，再用白萝卜1千克擦成细丝，大葱1千克，生姜30克剁碎。

（2）腌制：将原料一起拌匀入坛，再将精盐50克，花椒和茴香各30克，一同放入沸水中，待冷却后加入食醋400克。将这些混合液注入蒜米坛内，将坛口密封好，置于阴凉处20天即成。其坛中蒜米呈绿色，犹如翡翠，香美味鲜。

四、蒜汁

1. 选料

选用无病斑、虫斑和变质的鲜大蒜。

2. 制作

（1）清洗去蒜皮：把选好的原料，先用清水冲掉蒜头的泥土，然后将大蒜头剥开分瓣，在冷水中浸泡 1 小时左右，用手工搓去蒜衣。去皮后的蒜瓣用清水冲洗干净，沥干。除去带斑、病污的杂瓣蒜。

（2）漂洗：用清水漂洗蒜瓣，沥干。

（3）压榨：用榨汁器将蒜瓣压榨，取汁。

（4）低温处理：把榨取的蒜汁放进容器，放在冰箱冷藏室内存放 4～5 天，再加入大蒜液重 5%～10%的花生油，再在冰箱冷藏室内静置脱臭。

（5）混合液分层：在加油 4～5 小时后，容器底层会出现深褐色半透明液层。半个月后，液层从混合液中分离，再过 15 天，液层完全分离。

（6）取汁：将容器底部半透明液层分离出来，即得无臭大蒜汁。

五、蒜蓉

1. 选料

选用无病斑、虫斑和变质的蒜头。

2. 制作

（1）蒜瓣剥皮、清洗：剥蒜瓣皮时尽量不损伤蒜瓣。如果是干蒜头，则先用 2%盐水浸泡 1 小时，使外皮变软后再剥皮。剥皮后用清水冲洗。

（2）脱臭：用 10%的食盐水加热至 85～90℃，倒入去皮后的蒜瓣，烫漂 1 分钟，则蒜瓣破碎后无蒜臭味。

（3）打浆：将蒜瓣倒进粉碎机中，加入适量 10％食盐水和 0.08％柠檬酸溶液，粉碎成蒜泥，颗粒不要太细。

（4）调味：蒜泥中加生姜 2％～3％，花椒粉 0.1％，茴香粉 0.1％，味精 0.2％，盐 12％～14％，白糖 1.2％，山梨酸钾 0.05％，小磨香油 0.5％。生姜去表皮，白糖和山梨酸钾事先用水溶化，再与生姜放在一起打成姜糖糊。

（5）磨细：按比例将蒜泥与调味料混合后，放进胶体磨中磨碎。

（6）装瓶：将玻璃瓶及瓶盖用清水洗净后，经 100℃蒸汽消毒 10 分钟，立即装入蒜蓉，拧紧瓶盖。制成的蒜蓉为乳白色，呈半流体状态，具蒜的香辣味，无异臭味。保质期 1 年左右。

第二节　精细加工

大蒜具有独特的药用和保健功能，大蒜制品前景广阔，国际市场对大蒜精细加工产品的需求日益增加。大蒜油、大蒜素等科技含量高的大蒜制品正成为市场的新宠儿。不仅用于医药、化妆品、食品添加剂等，还可加工调味品、保健食品、药品和化妆品等。因此，在提高大蒜产品质量和产量的同时，应用高新技术促使传统产业减少消耗、提高附加值也是大蒜产业发展的方向。

一、大蒜辣椒酱

1. 配方

蒜 75 千克，辣椒 100 千克，豆豉 15～20 千克，食盐 15 千克，白酒 12 千克，酱油 12 千克，味精 0.2 千克。

2. 选料

大蒜选蒜瓣肥大、未发芽、无霉变、无病斑、无虫伤、肉质脆嫩、色泽洁白的蒜头。辣椒选色泽鲜红、个大、整齐、无霉烂、无病斑、无虫伤的尖辣椒品种。豆豉和酱油要选气味纯正的上等品，白酒要选用 60 度以上的高度白酒。

3. 制作

(1) 预处理：大蒜掰瓣，去皮。辣椒去蒂把。

(2) 清洗：蒜瓣和辣椒分别用清水洗净，除去杂质和蒜瓣外的膜质，晾干表面水分。

(3) 磨碎：将蒜瓣和辣椒分别放入破碎机中磨碎。

(4) 调味：将磨碎的大蒜和辣椒与豆豉混合均匀后，加入白酒、食盐、酱油和味精调味，搅拌均匀。

(5) 包装：小包装多用玻璃瓶。将玻璃瓶和瓶盖用清水洗净后，经 100℃蒸汽消毒 10 分钟，立即装入调好的酱，加盖，拧紧，1 个月以后即可食用。

二、香菇大蒜调味酱

1. 选料

香菇要选新鲜香菇，清水清洗，用 2％食盐水加热到 95℃，加入香菇预煮 3 分钟，备用。

大蒜要选新鲜大蒜，去皮整理，清水清洗，75％的大蒜放入95℃水中预煮 3 分钟，备用。

姜要选择新鲜、肥嫩、纤维细、无黑斑的鲜姜，去皮后用清水清洗干净，备用。

2. 配方

香菇 40 千克、大蒜 12 千克、蜂蜜 10 千克、白砂糖 3 千克、姜 1 千克、食盐 1 千克、柠檬酸 1 千克、羧甲基纤维素（CMC）0. 3 千克、水 31. 2 千克、大蒜精油 9631 0. 2 千克、香菇精油 9650 0. 3 千克、食用红曲红色素适量。

3. 制作

（1）粉碎：按配方将所有的香菇、大蒜、鲜姜在果蔬粉碎机中粉碎均匀，成浆状最好。

（2）调配：首先将白砂糖、蜂蜜、CMC 混合均匀、溶化，加入粉碎的浆中，再加入预先溶解的食盐，最后加入色素。

（3）均质：把调配好的浆液过胶体磨，要求粒度为 10～15 微米。

（4）调香：加入大蒜精油 9631、香菇精油 9650，搅拌均匀。

（5）装罐、密封、杀菌、冷却：采用定量罐装机罐装，用真空封罐机封罐，95～100℃杀菌 20 分钟，用冷水分段逐步冷却。

4. 成品质量

色泽：均匀一致，以红色或酱红色为好。具有香菇和大蒜特有风味，香菇风味饱满、蒜辣味柔和，微有甜味，食后无大蒜臭味。

三、咸蒜米

1. 选料

选用蒜头大、蒜瓣肥、瓣数少、无夹瓣的白皮蒜品种。蒜头收获后充分晾晒，防止霉变。选择无病斑、无虫伤、蒜形整齐的蒜头，剪除须根及假茎后，及时运往加工地点。

2. 制作

（1）预处理：掰开蒜瓣后，剔除有病斑、虫眼的蒜瓣和夹瓣，用手工或用碱液（见"蒜粉"加工部分）脱去蒜瓣外皮。剥皮时注

意不要损伤蒜肉，否则蒜瓣会变色变质。

（2）漂洗：将去皮后的蒜瓣用清水漂洗 6～8 小时，中间换水 2～3 次，以减轻异味及黄色，并去除蒜瓣上的一层薄膜。

（3）分级：按蒜瓣大小分为 3 级，一级为每千克 230～300 粒；二级为每千克 301～450 粒；三级为 451～600 粒。

（4）烫漂：将分级后的蒜瓣分别投入开水中，一级蒜瓣烫漂 3 分钟左右，二级蒜瓣烫漂 2 分钟左右，三级蒜瓣烫漂 1 分钟左右。具体烫漂时间应根据对所选原料进行的实验结果确定，因为烫漂时间过长或过短都会影响蒜米的色泽和脆度。在烫漂过程中要不断搅动，使蒜瓣受热均匀。烫漂时间一到，要快速淘出蒜瓣，倒入流动的冷水中，使充分冷却并漂洗掉蒜米外附着的膜质。

（5）腌渍：将漂洗后的蒜瓣甩干或晾干表面的水分，倒入缸中，用 7 波美度（用波美度仪测量）的盐水浸渍 24 小时，然后加盐，将盐液浓度调整至 11 波美度腌渍 48 小时；再加盐调至 22～23 波美度，腌渍 15～25 天，在此期间应注意检测盐水浓度，当盐水浓度降低时，应及时加盐保持其浓度，然后密封缸口。2～3 个月后即成咸蒜米。

（6）包装：将腌渍好的咸蒜米，按一、二、三级分别按定量装入洁净的塑料桶（或袋）中，同时剔除破损、杂色的蒜米，桶（或袋）中加入煮沸晾凉的 24 波美度的盐水，最后加盖封口。成品为白色或乳白色，有光泽感，盐水透明，允许有少量不引起混浊的蒜肉碎屑；蒜米脆嫩，无异味；颗粒完整。

四、脱水蒜片

1. 选料

采用颜色洁白、蒜瓣大而整齐的白皮大蒜品种，从中选择丰满充实、蒜瓣完整、无虫伤、无变质的鲜蒜，剔除独头蒜和个头小的蒜。一般每 100 千克鲜蒜头可加工成 20 千克脱水蒜片。

2. 制作

（1）预处理：清除蒜头上附着的泥沙，掰开蒜瓣后，剔除有病斑、虫眼的蒜瓣和夹瓣，用手工或用碱液（见"蒜粉"加工部分）脱去蒜瓣外皮。

（2）漂洗：将去皮蒜瓣倒入清水中，洗去杂质，漂去蒜衣膜。尽快进行下一道工序，不可堆放时间过长，以免蒜瓣变色。

（3）切片：用切片机将蒜瓣纵切成厚 1.5～2 毫米的薄片。边切片边加水冲洗，洗去切片时蒜瓣流出的胶液。切片厚度要均匀，否则烘干时，片厚的色变黄，片薄的易破碎，降低产品质量。

（4）再漂洗：将切好的蒜片放在流动的清水中充分漂洗，以冲掉蒜片表面的黏液及碎片，以利烘干，并使蒜片色泽洁白。如果漂洗不充分，蒜片上有黏液，则在烘干时蒜片变为黄褐色。

（5）甩干：将漂洗后的蒜片捞出，置于离心机内，甩干蒜片表面的水分。如采用 7.5 千瓦的离心机，每次装蒜片 25 千克，甩水 1 分钟即可。甩水时间过长时，蒜片内部的水分也被甩出，则蒜片容易发糠。

（6）烘干：将甩干后的蒜片均匀摊放在筛子上或不锈钢盘上，放进烘房中。烘房内的温度控制在 55～65℃，时间 6～7 小时。烘干时间过长，温度过高，蒜片颜色发黄，影响质量。当蒜片含水量为 5%左右时，即可出房。

（7）过筛及分级：将烘干后的蒜片过筛，筛掉碎粒、碎片及残留的蒜衣。将入选的蒜片倒在分拣台上，除去杂质及黄褐色片、粒等，并进行分级。正品蒜片为乳白色，片大，完整，平展，厚薄均

匀，无碎片，无异味；次品蒜片为黄褐色，片小，不完整，不平展，厚薄不均匀，这道工序要求操作速度快，以免蒜片吸湿返潮。

（8）包装：蒜片在室温下晾凉后便可包装。通常采用瓦楞纸箱包装，箱内套衬防潮铝箔袋和塑料袋，封口后入库。仓库要干燥、通风、无异味、无虫害，库内温度最好为10℃左右。

五、蒜粉

1. 选料

要用成熟较好、收获时叶黄秆枯的大蒜，否则出粉少，同时还影响质量和贮存时间；要把有病斑腐烂、虫斑以及机械损伤的大蒜头挑除；蒜头要大，蒜粒肉色洁白无霉、无变质、无萌芽。

2. 制作

（1）清洗去蒜皮：把选好的原料，先用清水冲掉蒜头的泥土，然后将大蒜头剥开分瓣，在冷水中浸泡1小时左右，用手工搓去蒜衣（也可用氢氧化钠或氢氧化钾水溶液脱皮：蒜瓣用水洗净后沥干水分，投入液温为85～95℃的6%～8%氢氧化钠水溶液中，浸泡8～10分钟，捞出后反复用清水冲洗，则蒜皮自动脱落）。先捞出蒜衣后，再捞起蒜瓣，除去带斑、病污的杂瓣蒜。去皮后的蒜瓣用清水冲洗干净，沥干。

（2）蒜瓣的粉碎：把洗净、去皮、沥干的蒜瓣放在打浆机中或者加工红薯粉面的打粉机中进行打浆。打浆时蒜瓣加1/3净水，然后将蒜浆过滤，用粗纱布过滤，留下的蒜渣经烘干后可作饲料添加剂。

（3）浆液的脱水：可用离心机脱水（转速1200转/分），也可用压榨除水，要求一次迅速把水去净，以防蒜泥变味影响质量。

（4）湿粉的烘干：把脱水的蒜湿粉，立即摊平放在竹筛（内铺垫布）或烘盘上（有木制、竹制，也有不锈钢、铁皮制）。放入烘房，烘房恒温55～60℃，烘4～6小时左右，观察湿蒜粉变为干粉，能用手碾成面即可，在烘房烘烤时，要不时地排出房内的湿气以缩短烘干时间。另外有条件的也可以用烘箱。

（5）干粉的粉碎：烘干的蒜粉用粉碎机粉碎，再用80～100目筛网过筛，即得蒜粉。

（6）检验与包装：蒜粉呈乳白色或米黄色，有浓郁的蒜香，可作调料及生产医药保健品的原料。

经过检验后，合格产品可以进行2种包装，一种是混合调味大蒜粉，即把大蒜粉与干姜、陈皮、花椒、大料、桂皮、小茴香等粉，按比例混合起来，按定量装入印有商标、品名的食品塑料袋内或防潮牛皮纸袋内严封、装箱；一种是把干大蒜粉直接装入印有商标、品名的食品塑料袋或防潮牛皮纸袋严封出售。

六、大蒜油

1. 选料

选用无虫蛀、无霉烂病变的大蒜。

2. 制作

（1）预处理：掰开蒜瓣后，剔除有病斑、虫眼的蒜瓣和夹瓣，用手工脱去蒜瓣外皮。剥皮时注意不要损伤蒜肉，否则蒜瓣会变色变质。

（2）漂洗：将去皮后的蒜瓣用清水漂洗干净，沥干。

（3）粉碎：把洗净、去皮、沥干的蒜瓣放在打浆机中或者加工红薯粉面的打粉机中进行打浆。

（4）浸取、过滤：在打碎的蒜浆中加入重量为蒜重 4～6 倍的已预热到 65～70℃的 95％乙醇，搅拌。在此温度下充分浸取后过滤，取其浸液。

（5）真空浓缩：将所得的浸液进行低温真空浓缩，即得粗蒜油。浓缩时，温度控制在 40～50℃，真空度在 580～760 毫米汞柱。注意回收溶剂，以便下次再用。

（6）净化处理：将所得的粗蒜油进行净化处理，以除去蛋白质、胶质等。在粗蒜油中直接通入水蒸气 4～10 分钟，然后进行离心分离，取其表层油质，经脱水即制成蒜精油，蒜出油率在 1.6％～3.0％。

附录 无公害大蒜生产技术规程
（NY5228－2004）

本标准由中华人民共和国农业部提出。

本标准起草单位：青岛农业技术推广站、全国农业技术推广服务中心。

本标准主要起草人：王志育、王军强、张真和、李建伟、纪国才、兰孝帮、李润生、曲善珊、王溯、李松坚、李岩一。

1 范围

本标准规定了无公害食品大蒜生产的产地环境、生产技术、病虫害防治、采收和生产档案。

本标准适用于无公害食品大蒜的生产。

2 规范性引用文件

下列文件中的条款通过本标准的引用而成为本标准的条款。凡是注日期的引用文件，其随后所有的修改单（不包括勘误的内容）或修订版均不适用于本标准，然而，鼓励根据本标准达成协议的各方研究是否可使用这些文件的最新版本。凡是不注日期的引用文件，其最新版本适用于本标准。

GB 4285 农药安全使用标准

GB/T 8321（所有部分）农药合理使用准则

NY/T 496 肥料合理使用准则、通则

NY 5010 无公害食品、蔬菜产地环境条件

3 产地环境

产地环境条件应符合 NY 5010 的规定，选择地势高燥，排灌方便，土层深厚、疏松、肥沃的地块。

4 生产技术

4.1 播前准备

4.1.1 茬口

与非葱蒜类作物轮作 2～3 年。

4.1.2 施肥原则

以优质有机肥为主，化肥为辅；以基肥为主，追肥为辅。肥料的使用应符合 NY/T 496 的要求。

4.1.3 施基肥

每亩施入充分腐熟的优质农家肥 4000～5000 千克，氮肥（N）3～5 千克、磷肥（P_2O_5）6～8 千克、钾肥（K_2O）6～8 千克。

4.1.4 整地做畦（垄）

土壤耕翻后耙细整平，按照当地种植习惯做平畦、高畦或高垄。平畦宽 1～2 米；高畦宽 60～70 厘米，高 8～10 厘米，畦间距 30～35 厘米；高垄宽 30～40 厘米，高 8～10 厘米，垄间距 20～25 厘米。

4.1.5 品种选择

选用优质、丰产、抗逆性强的品种。秋播大蒜应选抗寒力强、休眠期短的品种；春播大蒜应选冬性弱、休眠期长的品种。

4.1.6 种蒜处理

4.1.6.1 种蒜的选择与分级

精选具有品种特征，肥大圆整，蒜瓣整齐，无病斑，无损伤的蒜头，淘汰夹瓣蒜。选择无伤残、无霉烂、无虫蛀、顶芽未受伤的蒜瓣，按大、中、小分级，分别用于播种。

4.1.6.2 浸种

将选好的种蒜用清水浸泡1天，再用50％多菌灵可湿性粉剂500倍液浸种1～2小时，捞出沥干水分播种。

4.2 播种

4.2.1 播种时间

北纬38°以北地区，适宜早春播种，播种时间为日平均温度稳定在3～6℃时。

北纬35°以南地区，适宜秋季播种，播种时间为日平均温度稳定在20～22℃时。

北纬35°～38°地区，春、秋季均可播种。

4.2.2 播种密度及用种量

根据栽培目的、品种特性、气候条件及栽培习惯确定播种密度。平畦栽培，行距16～20厘米，株距8～14厘米；高畦、高垄栽培，行距12～14厘米，株距8～10厘米。每亩播种25000～60000株，用种量100～150千克。

4.2.3 播种方法

4.2.3.1 开沟播种

平畦、高畦栽培，先在栽培畦一侧开沟，深3～4厘米，按株距播种，再按行距开第二条沟，用沟土覆盖第一条沟，依此顺序进行。播完后耙平畦面，浇水。

高垄栽培，在栽培垄上开沟，深3～4厘米，干播时，先按株距播种，覆土后浇水；湿播时，先在沟中浇水，待水渗下后按株距播种，覆土。

4. 2. 3. 2 打孔播种

按行、株距打孔，深 3～4 厘米，每孔播 1 枚种蒜瓣，然后覆土整平，浇水。平畦、高畦或高垄栽培均可采用。

4. 2. 4 喷除草剂和覆盖地膜

栽培畦（垄）整平后，每亩用 33％的二甲戊乐灵乳油 150 毫升；或 24％乙氧氟草醚 50～100 毫升兑水喷洒。喷后及时覆盖厚 0. 004～0. 008 毫米的透明地膜。

4. 3 田间管理

4. 3. 1 出苗期

大蒜幼苗出土 3～5 天不能自行破膜出苗的，应人工辅助破膜扶苗露出膜外，并用湿土封好出苗孔；先覆膜后打孔播种的地块，幼苗 2～3 天不能自行出土时，应人工辅助放苗扶苗，并用湿土封好出苗孔。

4. 3. 2 幼苗期

秋播大蒜幼苗长出 3 片叶后，浇一次促苗水，并中耕除草。土壤上冻前，浇一次越冬水。

春播大蒜幼苗长出 2～3 片叶时，应及时中耕一次，4～5 天再中耕一次。

4. 3. 3 花芽、鳞芽分化期

秋播大蒜在翌春天气转暖，越冬蒜苗开始返青时浇一次返青水，结合浇水每亩追施氮肥（N）2～3 千克。以后每 8～10 天浇一次水。春播大蒜浇水、追肥应相应提前。

4. 3. 4 蒜薹伸长期

浇水每 5～6 天进行一次，蒜薹采收前 3～4 天停止浇水。结合浇水每亩追施氮肥（N）3～5 千克。

4. 3. 5 蒜头膨大期

蒜薹采收后，每5～6天浇一次水，蒜头采收前5～7天停止浇水。蒜头膨大初期，结合浇水每亩追施氮肥（N）2～3千克、钾肥（K₂O）2～4千克。

5 病虫害防治

5. 1 防治原则

按照"预防为主，综合防治"的原则，优先采用农业防治、生物防治、物理防治，合理使用化学防治，禁止使用国家明令禁止的高毒、高残留农药。

5. 2 防治方法

5. 2. 1 农业防治

5. 2. 1. 1 选种

选用抗病品种或脱毒蒜种。

5. 2. 1. 2 晒种

播前晒种2～3天。

5. 2. 1. 3 加强栽培管理

深耕土壤，清洁田园，与非葱蒜类作物轮作2～3年。有机肥充分腐熟，密度适宜，水肥合理。

5. 2. 2 物理防治

采用地膜覆盖栽培；利用银灰地膜避蚜；每2～4公顷设置一盏频振式杀虫灯诱杀害虫；采用1：1：3：0.1的糖：醋：水：90％敌百虫晶体溶液，每亩放置3～4盆诱杀成虫。

5. 2. 3 生物防治

采用生物农药防治病虫害。每亩用1.8％阿维菌素乳油50～80毫升；或B.t乳剂2～3千克防治葱蝇幼虫和叶枯病。

5.2.4 化学防治

化学防治应符合 GB 4285 和 GB/T 8321（所有部分）的要求。生产中严禁使用的农药品种有六六六、滴滴涕、毒杀芬、二溴氯丙烷、杀虫脒、二溴乙烷、除草醚、艾氏剂、狄氏剂、汞制剂、砷、铅类、敌枯双、氟乙酰胺、甘氟、毒鼠强、氟乙酸钠、毒鼠硅、甲胺磷、甲基对硫磷、对硫磷、久效磷、磷胺、甲拌磷、甲基异柳磷、特丁硫磷、甲基硫环磷、治螟磷、内吸磷、克百威、涕灭威、灭线磷、硫环磷、蝇毒磷、地虫硫磷、氯唑磷、苯线磷等。

5.2.4.1 大蒜叶枯病

发病初期喷洒 30%氧氯化铜悬浮剂 600～800 倍液；或 64%恶霜灵可湿性粉剂 500 倍液；或 70%代森锰锌可湿性粉剂 500 倍液，7～10 天喷 1 次，连喷 2～3 次。均匀喷雾，应交替轮换使用。

5.2.4.2 大蒜灰霉病

发病初期喷洒 50%腐霉利可湿性粉剂 1000～1500 倍液；或 50%多菌灵可湿性粉剂 400～500 倍液；50%异菌脲可湿性粉剂 1000～1500 倍液，7～10 天喷 1 次，连喷 2～3 次。均匀喷雾，应交替轮换使用。

5.2.4.3 大蒜病毒病

发病初期喷洒 20%病毒 A 可湿性粉剂 500 倍液；或 1.5%植病灵乳剂 1000 倍液；或用 20%病毒灵悬浮剂 400～600 倍液，7～10 天喷 1 次，连喷 2～3 次。均匀喷雾，应交替轮换使用。

5.2.4.4 大蒜紫斑病

发病初期喷洒 70%代森锰锌可湿性粉剂 500 倍液；或 30%氧氯化铜悬浮剂 600～800 倍液，7～10 天喷 1 次，连喷 2～3 次。均匀喷雾，应交替轮换使用。

5.2.4.5 大蒜疫病

发病初期喷洒 40％三乙膦酸铝可湿性粉剂 250 倍液；或 72.2％霜霉威水剂 600～800 倍液；或 70％代森锰锌可湿性粉剂 400 倍液；或 64％恶霜灵可湿性粉剂 500 倍液，7～10 天喷 1 次，连喷 2～3 次。均匀喷雾，应交替轮换使用。

5.2.4.6 大蒜锈病

发病初期喷洒 70％代森锰锌可湿性粉剂 1000 倍液；或 25％三唑酮可湿性粉剂 2000 倍液，7～10 天喷 1 次，连喷 2～3 次。

5.2.4.7 葱蝇

成虫产卵时，采用 50％辛硫磷乳油 1000 倍液；或 2.5％溴氰菊酯 3000 倍液喷雾或灌根。

5.2.4.8 葱蓟马

采用 50％辛硫磷乳油 1000 倍液；或 2.5％三氟氯氰菊酯乳油 3000～4000 倍液；或 40％乐果乳油 1500 倍液喷雾。

6 采收

6.1 蒜薹

蒜薹顶部开始弯曲，薹苞开始变白时应于晴天下午及时采收。

6.2 蒜头

植株叶片开始枯黄，顶部有 2～3 片绿叶，假茎松软时应及时采收。

7 分级

特级蒜头（横径≥70 毫米，梗柄长≤15 毫米）、一级蒜头（横径≥60 毫米，梗柄长≤15 毫米）、二级蒜头（横径≥50 毫米，梗柄长≤15 毫米）、三级蒜头（横径＜50 毫米，梗柄长≤15 毫米）。

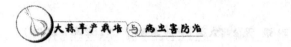

8 包装

大蒜应按规格等级分别包装，单位重量一致，大小规格一致，包装箱或包装袋要整洁、干燥、透气、无污染、无异味，绿色食品标志设计要规范，包装上应标明品名、品种、净含量、产地、经销单位、包装日期等。

9 运输

要求蒜薹、蒜头、蒜苗包装器具专用，运输过程中避免与其他化学物质混装和接触。

参考文献

1. 王昆等. 大蒜栽培与病虫草害防治技术. 北京：中国农业出版社，2003

2. 程智慧. 大蒜的栽培技术. 北京：金盾出版社，2011

3. 陆帼一. 大蒜高产栽培. 北京：金盾出版社，2009

4. 顾智章. 大蒜栽培与贮藏. 北京：金盾出版社，2008

5. 宋元林，等. 葱、大蒜、芫荽、茴香、香芹菜. 北京：科学技术文献出版社，2001

6. 陈颖. 大蒜的综合利用与实用加工技术. 天津：天津科技翻译出版公司，2010

7. 程智慧. 大蒜标准化生产技术. 北京：金盾出版社，2009

8. 王久兴. 葱蒜类蔬菜栽培一月通. 北京：中国农业大学出版社，1998

9. 任华中，等. 蔬菜良种与栽培要点. 北京：科学出版社，1997

10. 田兴范，等. 大蒜高效栽培技术. 郑州：中原农民出版社，1996

11. 王就光. 蔬菜病虫防治及杂草防除. 北京：中国农业出版社，1990

12. 金波. 中国多年生蔬菜. 北京：中国农业出版社，1998

13. 赵冰. 韭菜、大葱、洋葱、大蒜. 北京：科学技术文献出版社，2000

14. 陈运起. 葱蒜类蔬菜栽培与贮藏加工新技术. 北京：中国农业出版社，2005

15. 樊治成，陆帼一，杜慧芳. 大蒜品种资源分类体系的建立. 见：中国园艺学会首届青年学术讨论会论文集. 1994

16. 王忠民. 大蒜秋黄瓜菜豆高效套种模式. 中国特产报，2005-8-26

17. 傅莉新. 如何栽培水畦蒜黄. 河南科技报，2007-03-02

18. 王德福. 蒜苗多层架床栽培. 山西农业，1997，2

19. 宋满堂，等. 蒜黄快速生产——酿热通气温床法. 蔬菜，1998，5

20. 范仲先. 蒜中之王——巨型大蒜. 农村实用科技信息，2006，5

21. 许士明，等. 富硒大蒜生产技术. 大众日报，2002-11-20

22. 彦棠. 玉米套种大蒜立体高效种植模式. 科学种养，2006，1

23. 郑庆伟. 无公害大蒜套种大豆生产技术. 农村实用科技信息，2004，4

24. 卢兆雪，孙运秀，王艳艳，林传玲. 大蒜花生套种高产高效模式栽培技术. 农业科技通讯，2003，11

25. 陈玉花，安克敏，魏雪艳，孟凡海. 小麦、大蒜、玉米、花生高效种植模式. 江苏农业科技报，2000-08-09

26. 安秀海. 大蒜套种棉花经济效益高. 河北农业科技，2008，18

27. 夏明香. 地膜大蒜—地膜西瓜—棉花高产栽培技术. 现代农业科技，2005，9

28. 张敏. 大蒜套种辣椒高产栽培技术. 现代农业科技, 2011，4

29. 戴友法，姜德明，等. 大蒜荠菜套种技术. 长江蔬菜, 1995，5

30. 孔祥朋，王怡良，等. 生姜套种大蒜高产、高效栽培技术. 北方园艺，2007，10

31. 田素华. 利用大蒜埂套种马铃薯. 河北农业科技, 2001，1

32. 黄宝珍. 大蒜套种芹菜亩收入 2000 元栽培技术. 现代农业，1998，8

33. 赵全海，阎俊平. 大蒜—玉米—芫荽高效种植模式. 西北园艺，2005，4

34. http：//www. nxst. gov. cn

内 容 简 介

　　大蒜是一种富含营养的保健型蔬菜和调味品，随着人们对大蒜营养和药用价值的研究开发，大蒜热正在世界各国兴起。本书内容包括大蒜的生物学特性、大蒜的栽培方法及品种提纯复壮、大蒜病虫草害防治、蒜产品的贮藏保鲜、蒜头加工技术等内容，科学性、实用性和可操作性强，适合基层农业生产技术人员和广大菜农阅读，亦可供农业院校相关专业师生参考。